U0298640

国家中等职业教育改革
发展示范学校建设项目成果教材

数控车床编程与操作

重庆市立信职业教育中心　组编

主　编　邹小飞　邹永斌
副主编　成　果　罗喜月　廖　燕　张永东
参　编　曾林育　刘孟军　邓　毅
主　审　蒋红梅　肖　彬

机械工业出版社

本书以现场工作任务为导向，按照理实一体化的教学模式，以现场工作任务实施方法、内容和过程为主线，介绍数控车床的编程方法和工作任务实施过程，培养学生数控车床操作岗位的职业综合能力。全书共分 9 个项目，内容包括数控车床车削基础、端面与阶梯轴的车削、圆锥的车削、沟槽类零件的车削、圆弧面的车削、普通螺纹的车削、孔的车削、套类零件的车削和特殊型面的车削。

本书可供中等职业学校数控应用技术专业使用，也可供机械类相关专业选用，亦可供企业操作技术人员使用或参考。

图书在版编目（CIP）数据

数控车床编程与操作／邹小飞，邹永斌主编；重庆
市立信职业教育中心组编. — 北京：机械工业出版社，
2013.8（2021.8 重印）
国家中等职业教育改革发展示范学校建设项目成果教材
ISBN 978-7-111-43470-2

Ⅰ.①数… Ⅱ.①邹…②邹…③重… Ⅲ.①数控机
床 – 车床 – 程序设计②数控机床 – 车床 – 操作 Ⅳ.①TG519.1

中国版本图书馆 CIP 数据核字（2013）第 176894 号

机械工业出版社（北京市百万庄大街 22 号 邮政编码 100037）
策划编辑：汪光灿 责任编辑：张云鹏
版式设计：霍永明 责任校对：刘怡丹
封面设计：张 静 责任印制：张 博
涿州市般润文化传播有限公司印刷
2021 年 8 月第 1 版第 4 次印刷
184mm×260mm・9.75 印张・240 千字
标准书号：ISBN 978-7-111-43470-2
定价：32.00 元

电话服务　　　　　　　　网络服务
客服电话：010-88361066　机 工 官 网：www.cmpbook.com
　　　　　010-88379833　机 工 官 博：weibo.com/cmp1952
　　　　　010-68326294　金 书 网：www.golden-book.com
封底无防伪标均为盗版　机工教育服务网：www.cmpedu.com

前言

本书是为贯彻《国务院关于大力发展职业教育的决定》，落实国务院关于加快数控类人才培养的重要批示精神，满足数控行业发展对一线技能型人才的需求，针对职业教育特色和教学模式的需要，遵循职业学生的心理特点和认知规律而编写的。本书简明实用，适合理实一体化教学。

本课程的主要目的是培养学生全面了解数控加工所包含的知识，初步掌握数控加工所需要的基础知识，为今后深入学习数控编程和操作做准备，为提高学生的综合素质打下良好的基础。为此，本书体现了以下特点：

1. 以职业能力为本，以应用为核心，以必需够用为原则，突出零起点快速上岗的特点，紧密联系生活、生产的实际要求，与相应的职业资格标准相互衔接。

2. 注意用新观点、新思路来阐述经典内容，适应社会发展和科技进步的需要，及时更新教学内容，反映新知识、新技术、新工艺、新方法。

3. 渗透职业道德和职业意识，体现以就业为导向，有助于学生树立正确的择业观，培养学生爱岗敬业精神、团队协作精神和创新精神，树立安全意识和环保意识。

4. 体系设计合理，循序渐进，符合学生心理特征和认知规律，结构体系新颖。

本书建议按理实一体化的教学模式组织教学，建议总学时为212学时左右，具体分配如下。由于每个学校教学情况不同，教学内容可根据本校专业建设作调整。

序号	项 目	学 时 数	
		理论教学	实训教学
1	数控车床车削基础	8	16
2	端面与阶梯轴的车削	4	20
3	圆锥的车削	4	20
4	沟槽类零件的车削	4	20
5	圆弧面的车削	6	20
6	普通螺纹的车削	4	8
7	孔的车削	4	20
8	套类零件的车削	4	28
9	特殊型面的车削	6	16
	合计	44	168

本书由重庆市立信职业教育中心组织编写，邹小飞、邹永斌任主编，成果、罗喜月、廖燕、张永东任副主编。邹小飞编写项目一、项目二、项目九，邹永斌编写项目三、项目四，罗喜月编写项目五，廖燕编写项目六，成果编写项目七、项目八，张永东编写附录。此外，参与相关内容编写工作的还有曾林育、刘孟军和邓毅。全书由邹小飞统稿。

本书在编写过程中得到了各兄弟院校的大力帮助，部分从事数控技术教育的专家对本书提出了一些建设性的建议，同时，也邀请了企业的一线技术人员给予指导，在此表示衷心的感谢。

由于编者水平有限，书中缺陷和错误在所难免，望广大读者批评指正。

编　者

目 录

MULU

数控车床编程与操作

项目一　数控车床车削基础

任务一　认识数控车床

 知识目标

1. 掌握数控车床的组成及工作过程。
2. 了解数控车床的特点及分类。

 技能目标

1. 能说出数控车床各部位名称。
2. 能够正确使用数控车床。

任务引入

图 1-1 所示为一台经济型数控车床，其型号为 CAK6136。从型号中可以看出该机床为卧式数字控制车床，其加工最大回转直径为 360mm，经过一次重大改进。该数控车床由机床主体、数控装置、主轴伺服系统、进给伺服系统和辅助装置等部分组成。

为了正确使用和操作此类数控车床，必须熟悉数控车床的组成、工作过程，了解数控车床的特点及其分类。

知识链接

数控车床又称 CNC（Computer Numerical Control）车床，即用计算机数字控制的车床。数控车床是目前国内使用量最大、覆盖面最广的数控机床，约占数控机床总数的 25%。数控车床主要用于回转体零件的加工。一般能自动完成内外圆柱面、内外圆锥面、复杂回转内外曲面、圆柱圆锥螺纹等轮廓的加工，同时能进行切槽、钻孔、镗孔、扩孔、铰孔、攻螺纹等加工。

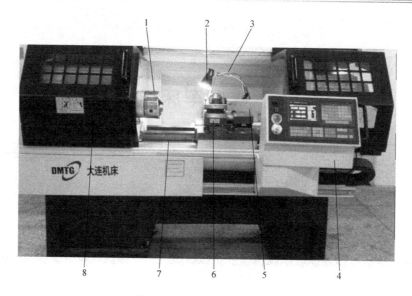

图 1-1 CAK6136 数控车床

1—卡盘 2—照明系统 3—冷却系统 4—数控装置 5—尾座 6—刀架 7—导轨 8—防护门

一、数控车床的组成及工作过程

1. 数控车床的组成

数控车床一般由输入/输出设备、数控装置（或称 CNC）、伺服单元、驱动装置（或称执行机构）及电气控制装置、辅助装置、机床本体、测量反馈装置等组成，如图1-2所示。

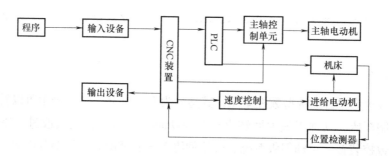

图 1-2 数控车床的组成

（1）输入/输出设备　输入/输出设备是计算机数控系统与外部设备进行信息交互的装置。交互的信息通常是零件的数控加工程序，即将编制好的数控加工程序输入计算机数控系统，或将调试好的数控加工程序通过输出设备存放或记录在相应的控制介质上。

（2）数控装置　数控装置是数控车床的核心，由硬件和软件两部分组成。它接收输入装置输入的加工信息，将其加以识别、存储、运算，并输出相应的控制，使机床按规定的要求动作。

（3）主轴伺服驱动系统　主轴伺服驱动系统是数控系统的执行部分，它包括主轴驱动单元和主轴电动机。目前，数控车床主轴伺服驱动系统有机械调试（普通电动机）、变频调试、数字伺服调试等形式。

（4）进给伺服驱动系统　进给伺服驱动系统是数控系统的执行部分，它包括进给伺服驱动单元和伺服单元。它将数控装置发来的各种动作指令，经过信号放大后，驱动伺服电动机实现机床移动部件的进给运动。

（5）PLC 装置　可编程序控制器简称 PLC。数控机床通过数控装置和 PLC 装置的共同作用来完成控制功能，PLC 装置主要完成与逻辑运算有关的一些动作。

（6）位置检测系统　位置检测系统的作用是将机床的实际位置、速度等参数检测出来，转变成电信号，反馈到数控装置，通过比较、检查实际位置与指令位置是否一致，并由数控装置发出指令，修正所产生的误差。常用位置检测元件有光栅、光电编码器、感应同步器、旋转变压器、磁栅尺等。

（7）机床本体　数控车床本体由基础件和配套件组成。基础件有床身、滑板、导轨、主轴等部件。配套件主要有刀架、丝杠、照明系统、冷却润滑系统等。

2. 数控车床的工作过程

图 1-3 所示为数控车床的基本工作过程。数控车床加工零件时，需根据零件图样及加工工艺的要求，将所用刀具、刀具运动轨迹与速度、主轴转速与旋转方向、冷却等辅助操作及相互间的先后顺序，以规定的数控代码形式编制成程序，并输入到数控装置中，在数控装置内部控制软件的支持下，经过处理、计算后，向各坐标的伺服系统及辅助装置发出指令，驱动各运动部件及辅助装置进行有序的动作与操作，实现刀具与工件的相对运动，从而加工出所要求的零件。

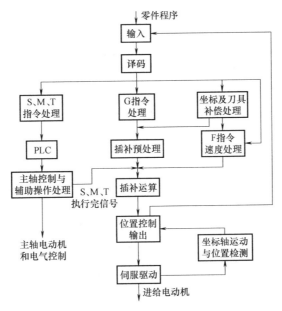

图 1-3　数控车床的基本工作过程

二、数控机床的分类

数控设备五花八门，种类繁多，许多行业都有自己的数控设备分类方法。

1. 按设备的工艺用途分类

（1）普通数控机床　普通数控机床和传统的通用机床一样，有车床、铣床、钻床、镗床和磨床等，而且每一类里又有很多品种。例如，数控车床中有立式数控车床和卧式数控车床（图1-4）等，这类机床的工艺性能和通用机床相似，所不同的是它能自动加工结构复杂的零件。

（2）加工中心　加工中心是一台在普通数控机床上加装刀库和自动换刀装置的数控机床，如图1-5所示。它和普通数控车床的区别是：工件经一次装夹后，数控装置就能控制自动地更换刀具，连续自动地对工件表面进行车削、铣削、镗削、钻削、铰削及攻螺纹等多工序的加工。加工中心又称为多工序数控机床。

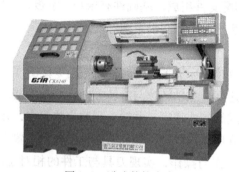

图1-4　卧式数控车床

图1-5　加工中心

（3）多坐标轴数控机床（图1-6）　有些复杂形状的零件，如螺旋桨、飞机机翼曲面及其他复杂零件等，用三坐标的数控机床无法加工，需要三个以上坐标的合成运动才能加工出所需形状。于是出现了多坐标的数控机床，其特点是数控装置控制的轴数较多，机床结构也比较复杂。坐标轴的数量多少取决于加工零件的复杂程度和工艺要求。现常用的多坐标轴数控机床有4、5、6坐标的数控机床。

（4）数控特种加工机床　如数控线切割机床、数控电火花加工机床、数控激光切割机床等。

2. 按运动方式分类（图1-7）

（1）点位控制系统（图1-7a）　这类控制系统只

图1-6　多坐标轴数控机床

控制刀具相对工件从某一加工点移动到另一个加工点的精确坐标位置。而对于点与点之间移动的轨迹不进行控制，且移动过程中不作任何加工。通常采用这一类系统的设备有数控钻床、数控镗床和数控冲床等。

（2）直线控制系统（图1-7b）　这类系统不仅要控制点与点的精确位置，还要将两点之间的移动轨迹控制为一条直线，且在移动中能以给定的进给速度进行加工。采用此类控制方式的设备有数控车床和数控铣床等。

（3）连续控制系统（图1-7c）　连续控制系统又称为轮廓控制系统或轨迹控制系统。这类系统能够对两个或两个以上坐标方向进行严格控制，即不仅控制每个坐标的行程位置，同时还控制每个坐标的运动速度。各坐标的运动按规定的比例关系相互配合，精确地协调起来连续进行加工，以形成所需要的直线、斜线或曲线、曲面。采用此类控制方式的设备有数控车床、数控铣床、加工中心、数控电加工机床及特种加工机床等。

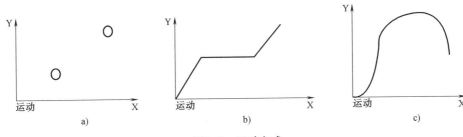

图1-7　运动方式

a）点位控制　b）直线控制　c）连续控制

常用机床的主要用途见表1-1。

表1-1　常用机床的主要用途

数控机床的种类	按数控装置功能分类	主　要　用　途	工件举例
数控车床	点位、直线控制	车削没有锥度、圆弧的轴	轴
	轮廓控制	车削有锥度、圆弧的轴	轴
加工中心	点位、直线控制	一次装夹后进行钻孔、铰孔、攻螺纹、铣削、镗孔加工	一般行业使用的齿轮箱、机构箱
	特殊用途的轮廓控制	除加工上述内容外，可进行轮廓铣削	适用于加工飞机零件
数控铣床	点位、直线控制	1. 用同一刀具进行多道工序的直线切削，而且需要进行大切削量加工的工件 2. 用同一刀具按同一定位精度要求加工	原材料是方料，加工时，要求保证长、宽、高尺寸的工件
	轮廓控制	平面轮廓（特别是由圆弧和直线形成的形状）的加工	凸轮、铸型
		立体曲面形状的铣削	
数控钻床	点位控制	用于加工同样尺寸的许多孔	多孔类零件
数控磨床	轮廓控制	凸轮、轧辊和其他成形磨削	定时凸轮、平面凸轮、轧辊
数控镗床	点位、直线控制	以定位控制为主的各种镗削加工	箱体件

3. 按控制原理分类

（1）开环控制系统（图1-8）　这类控制方式通常不带位置检测元件，伺服驱动元件为功率步进电动机或伺服步进电动机加液压马达。数控系统每发出一个指令脉冲，经驱动电路功率放大后，驱动脉冲电动机旋转一个角度，再经传动机构带动工作台移动。这类系统信息流是单向的，即进给脉冲发出去后，实际移动值不再反馈回来，所以称为开环控制。由于这种系统结构较简单，成本较低，技术容易掌握，所以使用较广泛，特别适用于旧机床改造的简易数控系统。

图1-8 开环控制系统

（2）闭环控制系统（图1-9） 这类控制方式带有检测装置，直接对工作台的实际位移量进行检测。当指令值发送到位置调节电路时，若工作台没有移动，则没有反馈量，指令值使得伺服电动机转动，传递到工作台，工作台将实际位置及速度反馈回去，在位置比较电路中与指令值进行比较，用比较后得出的差值进行控制，直至差值等于零时为止。这类控制系统，因为把机床工作台纳入了控制环，故称闭环控制系统。

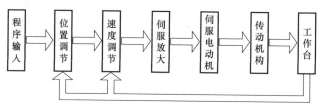

图1-9 闭环控制系统

该系统可以消除包括工作台传动链在内的误差，因而定位精度高，调节速度快。但由于工作台惯性大，对系统稳定性会带来不利影响，使调试和维修都较困难，且系统复杂和成本高，故较适用精度要求高的数控设备，如数控精密镗铣床。

（3）半闭环控制系统（图1-10） 这类控制方式与闭环控制方式的区别在于检测反馈信号不是来自工作台，而是来自与电动机相联系的测量元件。

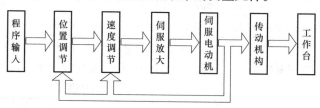

图1-10 半闭环控制系统

如图1-10所示，半闭环控制系统通过测速发电机和光电编码盘（或旋转变压器）间接检测伺服电动机的转角，推算工作台的实际位移量，并将此值与指令值进行比较，用差值来实现控制的。由于工作台传动链没有完全包括在控制回路内，因而称之为半闭环控制，这类控制系统介于开环与闭环之间，精度没有闭环高，调试却比闭环方便，因而得到广泛的应用。

4. 数控系统的功能分类

（1）经济型数控车床 经济型数控车床常常是基于普通车床进行数控改造的产物，一般采用开环或半闭环伺服系统，其主轴一般采用变频调速，并安装有主轴脉冲编码器用于车削螺纹。且一般刀架前置（位于操作者一侧）。机床主体结构于普通车床无大的区别，结构简单，且功能简化，针对性强，精度适中，主要用于精度要求不高、有一定复杂性的工件。

（2）全功能型数控车床　全功能型数控车床的总体结构先进、控制功能齐全、辅助功能完善、加工的自动化程度比经济型数控车床高，稳定性和可靠性也较好，适宜加工精度高、形状复杂、工序多、品种多变的单件或中小批量工件的加工。

（3）车削中心　车削中心是以全功能型数控车床为主体，并配置刀库、换刀装置、分度装置、铣削动力头和机械手等，可实现车削、铣削等多工序的复合加工的机床。在工件一次装夹后，它可完成回转类零件的车削、铣削、钻削、铰削、攻螺纹等多工序加工。其功能全面，但价格较高。

三、数控车床的特点

数控车床是实现柔性自动化的重要设备，与普通车床相比，数控车床具有以下几个特点。

1. 适应性强，适合加工多品种、小批量的复杂工件

数控车床在更换产品（生产对象）时，只需改变数控加工程序，调整有关的数据就能满足新产品的生产需要，而无需改变机械部分和控制部分的硬件。这不仅满足了当前产品更新更快的市场竞争的需要，而且较好地解决了单件、中小批量和多变产品的加工问题。

2. 加工精度高，产品质量稳定

数控车床本身的精度比较高，中小型数控车床的定位精度可达 0.005mm，重复定位精度可达 0.002mm，而且还可利用软件进行精度修正和补偿，因此可以获得比机床本身精度还要高的加工精度和重复定位精度。数控车床是按预定程序自动加工的，加工过程无需人工干预，因此工件的加工精度全部由机床保证，消除了操作者的人为误差，因此加工出来的工件精度高、尺寸一致性好、质量稳定。

3. 生产效率高

数控车床具有良好的结构特性，可进行大切削用量的强力切削，有效节省了时间；还具有自动变速、自动换刀和其他自动化等功能，缩短了辅助时间，比普通车床生产效率高5~10倍。

4. 自动化程度高，劳动强度低

数控车床的工作是按预先编制好的加工程序自动连续完成，操作者除了输入加工程序或操作键盘、装卸工件、进行关键工序的中间检测及观察机床运行之外，无需进行繁杂的重复性手工操作，劳动强度与紧张程度均可大为减轻，加之数控车床一般都具有较好的安全防护、自动排屑、自动冷却和自动润滑装置，操作者的劳动条件也大为改善。

 兴趣阅读

数控机床的发展史

1952 年，parsons 公司和 M. I. T. 公司合作研制出了世界上第一台三坐标数控机床。

1955 年，第一台工业用数控机床由美国 Bendix 公司生产出来。从 1952 年至今，NC 机床按 NC 系统的发展经历了五代，其中，前三代 NC 系统。由于其数控功能均由硬件实现，故历史上又称其为硬线 NC。

第一代：1955 年，NC 系统由电子管组成，体积大，功耗大。

第二代：1959 年，NC 系统由晶体管组成，广泛地采用印制电路板。

第三代：1965 年，NC 系统采用小规模集成电路作为硬件，其特点是体积小，功耗低，可靠性进一步提高。

第四代：1970 年，NC 系统采用小型计算机取代专用计算机，其部分功能由软件实现，它具有价格低、可靠性高和功能多等特点。

第五代：1974 年，NC 系统以微处理器为核心，不仅价格进一步降低，体积进一步缩小，而且使真正意义上的机电一体化成为可能，这一代又可分为以下六个发展阶段：

1）1970 年：系统采用 CTR 显示，大容量磁盘存储及可编程接口和遥控接口。

2）1974 年：系统以微处理器为核心，有字符显示功能和自诊功能。

3）1981 年：具有人机对话、动态图形显示及实施精度补偿功能。

4）1986 年：数字伺服控制诞生，大容量的交直流电动机进入适用阶段。

5）1988 年：采用了高性能的 32 位机为主机的主从结构系统。

6）1994 年：基于 PC 的 NC 系统诞生，使 NC 系统的研发进入了开放型、柔性化的新时代，新型 NC 系统的开发周期日益缩短。这是数控技术发展的又一里程碑。

学后测评

一、填空题

1. 数控车床一般由输入/输出设备、_____、伺服单元、驱动装置（或称执行机构）及电气控制装置、辅助装置、机床本体和测量反馈装置等组成。

2. _____是数控车床的核心，是由硬件和软件两部分组成的。

3. 按机床的运动方式分类，数控车床可分为_____、_____和_____方式。

4. 按机床设备工艺用途分类，数控机床可分为普通数控机床、_____、_____和数控特种加工机床。

5. 按机床控制原理分类，数控系统可分为_____、闭环控制系统和_____系统。

二、判断题

1. 数控车床适用于单品种，大批量生产。 （ ）

2. 数控车床与普通车床在加工零件时的根本区别在于数控车床是按照事先编制好的数控加工程序自动地完成对零件的加工。 （ ）

3. 数控车床的加工精度比普通机床高是因为它的传动链比普通车床的传动链长。 （ ）

4. 半闭环数控系统中，反馈信号全部取自机床的最终运动部件。 （ ）

5. 数控加工适用于形状复杂且精度要求高的零件加工。 （ ）

三、选择题

1. 数控机床的切削时间利用率高于普通机床 5～10 倍，尤其在加工形状比较复杂、精度要求较高、品种更换频繁的工件时，更具有良好的_____。　　　　（　　）

A. 稳定性　　　　　B. 经济学　　　　　C. 连续性　　　　　D. 可行性

2. _____主要用于经济型数控机床的进给驱动。　　　　　　　　（　　）

A. 步进电动机　　　　　　　　　　B. 直流伺服电动机

C. 交流伺服电动机　　　　　　　　D. 直流进给伺服电动机

3. 半闭环系统的反馈装置一般在_____。　　　　　　　　　　（　　）

A. 导轨上　　　　B. 伺服电动机上　　　C. 工作台上　　　D. 刀架上

4. 数控车床适用于生产_____零件。　　　　　　　　　　　　（　　）

A. 大型　　　　B. 大批量　　　　C. 小批复杂　　　　D. 高精度

四、简答题

1. 数控车床由哪几部分组成？各部分的作用是什么？

2. 简述数控车床的特点。

任务二 数控车床的手动操作

知识目标

1. 掌握 GS980TDb 数控车床操作面板上各功能按钮的含义与应用方法。
2. 掌握数控车床开机与关机步骤。

技能目标

1. 熟悉数控车床的基本操作。
2. 学会用数控车床手动车削工件。

任务引入

数控车床在结构上与普通车床相比，没有手摇机构，所以需要利用数控车床手动或手轮操作来车削零件。

加工如图 1-11 所示的阶梯轴，毛坯尺寸为 φ35mm ×40mm，利用手动或手轮来完成任务。

知识链接

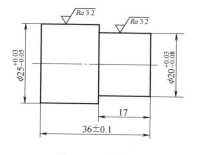

图 1-11 阶梯轴

一、系统控制面板

GS980TDb 车床数控系统的面板主要由 LCD 显示器、NC 操作面板和控制面板组成，如图 1-12 所示。

图 1-13 所示为 GS980TDb 数控车床数控系统的 MDI 键盘布局图，各键的名称和功能见表 1-2。

表 1-2 编辑键盘上各键及作用

1. 状态指示灯

状态指示灯	功能说明	状态指示灯	功能说明
X○ Y○ Z○ 4th○	轴回零结束指示灯	○ ∿	快速指示灯
○ ▢	单段运行指示灯	○ ▨	程序段选跳指示灯
○ ➡	机床锁指示灯	○ MST ▬	辅助功能锁指示灯
○ ∿	空运行指示灯		

2. 编辑键盘

按　键	名　称	功能说明
RESET	复位键	CNC复位，进给、输出停止，报警信息解除等
O N G　X Z U W　S T	地址键	地址输入
H F R L　I J K		双地址键，反复按键可在两者间切换
+ / *	符号键	双地址键，反复按键可在两者间切换
< >	小数点	小数点的输入
7 8 9　4 5 6　1 2 3　0	数字键	数字的输入
输入 IN	输入键	参数、补偿量等数据输入的确定
输出 OUT	输出键	启动通信输出
转换 CHG	转换键	信息、显示的切换
插入INS 修改ALT 删除DEL 取消CAN	编辑键	编辑程序、字段等的插入、修改、删除等
换行 EOB	EOB键	程序段的结束符的输入
⇑ ⇨ ⇩ ⇦	光标移动键	控制光标的移动
翻页符号	翻页键	同一显示界面下页面的切换

3. 显示菜单

菜单键	备　注
位置 POS	进入位置界面有相对坐标、绝对坐标、混合坐标和程序四个界面
程序 PRG	进入程序界面有程序的内容、程序目录、程序状态和文件目录四个界面

（续）

菜 单 键	备 注
刀补 OFT	进入刀具补偿界面、宏变量界面、刀具寿命管理（参数设置该功能），反复按键可在三个界面间转换 刀具补偿界面可显示刀具偏置磨损；宏变量界面可显示 CNC 宏变量；刀具寿命管理可显示当前刀具寿命的使用情况并设置刀具的组号
报警 ALM	进入报警界面、报警日志，反复按键可在两个界面间转换 报警界面有 CNC 报警、PLC 报警两个页面；报警日志可显示产生报警和消除报警的历史记录
设置 SET	进入设置界面、图形界面（980TDb 特有），反复按键可在两个界面间转换 设置界面有开关设置、参数操作、权限设置、梯形图设置（2 级权限），时间日期显示（参数设置）；图形界面可显示进给轴的移动轨迹
参数 PAR	进入状态参数、数据参数、螺补参数界面、U 盘高级功能界面（识别 U 盘后），反复按键可在各个界面间转换
诊断 DGN	进入 CNC 诊断界面、PLC 状态、PLC 数据、机床软面板、版本信息界面，反复按键可在各个界面间转换 CNC 诊断界面、PLC 状态、PLC 数据显示 CNC 内部信号状态、PLC 各地址、数据的状态信息；机床软面板可进行机床软键盘操作；版本信息界面显示 CNC 软件、硬件及 PLC 的版本号

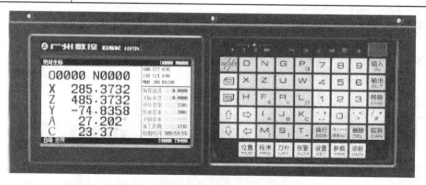

图 1-12　GS980TDb 数控车床操作面板

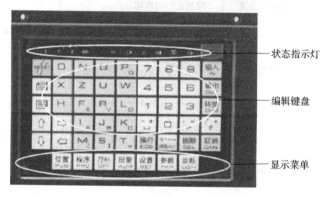

图 1-13　MDI 操作面板

二、车床控制面板

图 1-14 所示为 GS980TDb 数控车床控制面板，面板上各按钮名称及作用具体见表 1-3。

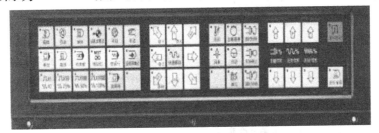

图 1-14　GS980TDb 数控车床控制面板

表 1-3　机床操作面板上各功能键名称及作用

名　称	按　钮	功能说明	功能有效时操作方式
∧∧∧% 进给倍率	进给倍率键	进给速度的调整	自动方式、录入方式、编辑方式、机床回零、手脉方式、单步方式、手动方式、程序回零
─□% 主轴倍率	主轴倍率键	主轴速度调整（主轴转速模拟量控制方式有效）	自动方式、录入方式、编辑方式、机床回零、手脉方式、单步方式、手动方式、程序回零
循环起动	循环启动键	程序、MDI 代码运行启动	自动方式、录入方式
进给保持	进给保持键	程序、MDI 代码运行暂停	自动方式、录入方式
主轴准停	C/S 轴切换	切换主轴速度/位置控制	机床回零、手脉方式、单步方式、手动方式、程序回零
点动	点动开关键	主轴点动状态开/关	机床回零、手脉方式、单步方式、手动方式、程序回零
换刀	手动换刀键	手动换刀	机床回零、手脉方式、单步方式、手动方式、程序回零
顺时针转 主轴停止 逆时针转	主轴控制键	顺时针转 主轴停止 逆时针转	机床回零、手脉方式、单步方式、手动方式、程序回零

（续）

名　　称	按　　钮	功能说明	功能有效时操作方式
X 轴进给键		手动、单步操作方式各轴正向/负向移动	机床回零、单步方式、手动方式、程序回零
Z 轴进给键			
Y 轴进给键			
4th 轴进给键			
手动方式选择键		进入手动操作方式	自动方式、录入方式、编辑方式、机床回零、手脉方式、单步方式、程序回零
单步/手脉方式选择键		进入单步或手脉方式（两种方式由参数选择其一）	自动方式、录入方式、录入方式、编辑方式、机床回零、手动方式、程序回零
机床回零方式选择键		进入机床回零操作方式	自动方式、录入方式、编辑方式、机床回零、手脉方式、单步方式、程序回零
录入方式选择键		进入 MDI 方式可以运行一段程序、变化转速、换刀等功能	自动方式、录入方式、编辑方式、机床回零、手脉方式、单步方式、程序回零
自动方式键		进入自动方式，运行程序并加工	录入方式、编辑方式、机床回零、手脉方式、单步方式、手动方式、程序回零
编辑方式键		用编辑方式键可以进行程序的录入	自动方式、录入方式
单段开关键		程序段连续与单段切换。单段运行时，该指示灯亮	自动方式、录入方式
程序段选跳开关		该指示灯亮，表示程序段跳过该段	自动方式、录入方式
机床锁住开关键		机床锁住，该灯亮，进给轴输出无效	自动方式、录入方式、编辑方式、机床回零、手脉方式、单步方式、程序回零
辅助功能锁开关键		该指示灯亮，M、S、T 功能输出无效	自动方式、录入方式
空运行开关		该指示灯亮，加工程序、MDI 代码空运行	自动方式、录入方式

（续）

名　称	按　钮	功能说明	功能有效时操作方式
回程序零点	程序回零方式键	进入程序回零操作方式	自动方式、录入方式、编辑方式、机床回零、手脉方式、单步方式、程序回零
×1　×10　×100　×1000 F0　25%　50%　100%	手脉/单步增量选择与快速倍率选择键	手脉每格移动 1/10/100/1000×最小当量　快速倍率 F0.25%、50%、100%	自动方式、录入方式、编辑方式、机床回零、手脉方式、单步方式、程序回零
选择停	选择停	执行 M01 指令停止运行	自动方式、录入方式

三、 开、关机操作

1. 电源接通前

1）检查机床防护门、电气控制门等是否已关闭。

2）检查润滑系统是否正常。

3）注意遵守《数控车床安全操作规程》的规定。

2. 机床启动

1）打开机床总电源开关。

2）按下控制面板上电源开启按钮。

3）开启急停按钮。

3. 机床的关停

1）按下急停按钮。

2）按下控制面板电源关闭按钮。

3）关闭机床电源总开关。

四、 返回参考点操作

数控车床上一般设有一个固定点，用来确定刀架位置，该固定点称为参考点。一般在此位置设定坐标系或进行换刀。对于使用增量式反馈元件的数控车床，断电后数控系统就失去对参考点的记忆，因此接通数控系统电源后，必须执行返回参考点。另外，机床解除紧急停止和超程报警信号后，也必须重新进行返回机床参考点操作，其操作如下。

1）按返回参考点开关，若指示灯亮，则进行回参考点模式。

2）按下 < + X > 轴键，则 X 轴回到参考点后指示灯亮，坐标为 X0。

3）在按下 < + Z > 键，则 Z 轴回到参考点后指示灯亮，坐标为 Z0。

注：返回参考点时，为了保证数控车床及刀具的安全，一般要先回 X 轴再回 Z 轴。

五、 手动操作

1. JOG 进给（手动连续进给）操作

按手动键 ![手动] 进入手动操作方式，在手动操作方式下可以进行手动进给、主轴控制、倍率修调和换刀等操作。

手动进给时，按住进给轴 ![ex] 或 ![下] X 轴方向键，可以使 X 轴向负向或正向进给，松开按键则轴运动停止；按住 ![ez] 或 ![右] 方向键可以使 Z 轴向负向或正向进给，松开按键轴运动停止。

当进行手动进给时，按下键 ![快速移动]，状态指示灯亮，则进入手动快速移动状态。

2. 速度修调

在手动进给时，可按 ![快速修调] 或修改 ![F0] ![25%] ![50%] ![100%] 键手动快速移动倍率，快速移动倍率有 F0、25%、50%、100% 四档。

快速倍率选择在下列情况下有效：①G00 快速移动；②固定循环中的快速移动；③手动快速移动；④G28 时的快速移动。

3. 手轮进给操作

在手轮方式下，机床坐标轴可通过旋转机床操作面板上手摇脉冲发生器而连续移动，用开关选择移动轴。当手摇脉冲发生器旋转一个刻度时，刀具移动的最小距离等于最小输入增量。手摇脉冲发生器如图 1-15 所示，具体操作步骤如下。

1）按 ![手脉] 键后，再按 ![ex] 键后可以摇动手轮以顺时针和逆时针摇动来控制 X 轴的运动方向。

2）按键 ![ez] 后，顺时针和逆时针摇动手轮可以控制 Z 轴的运动方向。

图 1-15 手摇脉冲发生器

4. 刀架的转位操作

装卸刀具、测量切削刀具的位置或对工件进行试切削时，都可通过手动操作实现刀架的转位。在手动方式下，按刀具选择按钮，则回转刀架上的刀台顺时针转动一个刀位。

刀架转换也可以在 MDI 方式下进行，输入要转换的刀具号，然后按输入键，再按循环启动键，则可实现刀具转换。

5. 主轴手动操作

手动操作时要使主轴启动，必须用手动数据输入方式设定主轴转速。当方式选择开关处于"手动"位置时，可手动控制主轴的正转、反转和停止。调节主轴转速开关，对于主轴转速进行倍率调节。按手动操作按钮 CW、CCW、STOP，分别控制主轴的正转、反转和停止功能。

六、 手动数据输入（MDI）操作

手动数据输入方式用于在系统操作面板上输入一段程序，按下循环启动键来执行该段程序。其操作步骤如下。

1）选择手动数据输入方式。

2）按下系统功能键，屏幕左上角显示"MDI"字样。

3）输入要运行的程序段。

4）按下循环启动键，数控车床自动运行该程序段。

七、 数控车床的安全功能操作

1. 急停按钮操作

1）机床在遇见紧急情况时，应立即按急停按钮，主轴和进给全部停止。

2）急停按钮按下后，机床被锁住，电动机电源被切断。

3）当清除故障因素后，急停按钮复位，机床恢复正常操作。

注意：

1）按下急停按钮时，会产生自锁，但通常旋转此按钮即可释放。

2）当机床故障排除，急停按钮旋转复位后，一定要先进行回零（回参考点）操作，再进行其他操作。

2. 超程释放操作

当机床移动到工作区间极限时会压住限位开关，数控系统会产生超程报警，此时机床不能工作。一般数控车床采用软件超程保护和硬件保护方式。软件超程必须使机床回零后有效。

解除过程如下：手动方式→同时按与超程方向相反的点动按钮或用手摇脉冲发生器向相反方向移动，使机床脱离极限而回到工作区间→按复位键。

兴趣阅读

典型数控系统介绍

FANUC（日本）、SIEMENS（德国）和 FAGOR（西班牙）等公司的数控系统及其相关产品，在数控机床行业占主导地位。我国的数控产品以华中数控、航天数控为代表，已将高性能数控系统产业化。

1. FANUC 数控系统

日本 FANUC 公司的数控系统具有高质量、高性能、全功能，适用于各种机床和生产机械的特点，在市场的占有率远远超过其他的数控系统。

2. 西门子数控系统

SIEMENS 公司的数控装置采用模块化结构设计，经济性好，在一种标准硬件上配置多种软件，使它具有多种工艺类型，满足各种机床的需要，并成为系列产品。采用 SIMATICS 系列可编程序控制器或集成式可编程序控制器，用 SYEP 编程语言，具有丰富的人机对话功能，具有多种语言的显示。SIEMENS 公司 CNC 装置主要有 SINUMERIK 3/8/810/820/850/880/805/802/840 等系列。

3. 华中"世纪星"系列数控系统

开放式、网络化已成为当今数控系统发展的主要趋势。华中"世纪星"系列数控系统包括世纪星 HNC-18i、HNC-19i、HNC-21 和 HNC-22 四个系列产品，均采用工业微型计算机（IPC）作为硬件平台的开放式体系结构的创新技术路线，充分利用 IPC 软、硬件的丰富资源，通过软件技术的创新，实现数控技术的突破，通过 IPC 的先进技术的低成本保证数控系统的高价性比和可靠性。华中"世纪星"系列数控系统充分利用了计算机已有的软、硬件资源，分享了计算机领域的最新成果，如大容量存储器、高分辨率彩色显示器、多媒体信息交换、联网通信等技术，使数控系统可以伴随 IPC 技术的发展而发展，从而长期保持技术上的优势。

学后测评

一、填空题

1. GS980TDb 数控车床数控系统的面板主要由_____、_____和控制面板组成。

2. 开机回参考点时，为了保证数控车床及刀具的安全，一般先回_____轴再回_____轴。

3. _____方式用来在系统键盘上输入一段程序，然后按下循环启动键来执行该段程序。

4. 在操作数控机床时遇到紧急情况下应按_____按钮，使机床停止。

二、判断题

1. 数控程序编制功能能常用的插入键是 <INSERT> 键。　　　　　　　　　　（　　）

2. 数控系统操作面板上复位键的功能是解除报警和数控系统复位。（　　）

3. CNC 装置的显示主要是为操作者提供方便，通常有零件程序的显示、参数显示、刀具位置显示、机床状态显示、报警显示等。（　　）

4. 配置增量编码器的数控机床的参考点是数控机床上固有的机械点，该点到机床坐标原点在进给坐标轴方向上的距离在机床出厂时设定。（　　）

三、选择题

1. 若删除一个字符，则需要按 <_____> 键。（　　）

A. RESET　　　　　B. HELP　　　　　C. INPUT　　　　　D. DEL

2. 在 NC 操作面板的功能键中，用于解除报警显示的键是 <_____>。（　　）

A. DGNOS　　　　　B. ALARM　　　　　C. RESET　　　　　D. POS

3. 数控程序编制功能常用的删除键是 <_____>。（　　）

A. INSRT　　　　　B. ALTER　　　　　C. DELETE　　　　　D. POS

4. 数控机床_____时，模式选择用 MDI 方式。（　　）

A. 自动状态　　　　　　　　　　B. 手动数据输入

C. 回零　　　　　　　　　　　　D. 手动进给

5. 在 NC 操作面板的功能键中，显示机床现在位置的键是 <_____>。（　　）

A. PAGA　　　　　B. CURSOR　　　　　C. EDIT　　　　　D. POS

6. 在 NC 操作面板的功能键中，用于刀具偏置参数设置的键是 <_____>。（　　）

A. POS　　　　　　　　　　　　B. OFT

C. PRGRM　　　　　　　　　　D. ALARM

四、简答题

简述数控车床回参考点的步骤。

任务实施

在数控车床上用手动车削图 1-16 所示的阶梯轴，已知毛坯尺寸为 $\phi 35\mathrm{mm} \times 54\mathrm{mm}$，塑料件。

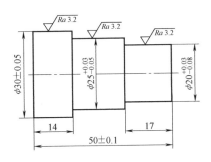

图 1-16　阶梯轴

任务三　加工程序的识读、输入与编辑

 知识目标

1. 掌握数控加工程序的结构与指令代码的基本含义。
2. 了解数控车床的机床坐标系和工件坐标系。

 技能目标

1. 能够识读数控加工程序。
2. 能够进行数控加工程序的输入和编辑。

 **任务引入**

数控车床的加工零件不需要用手动去车削，而是需要用一些数控指令来控制机床的运动，从而实现加工的过程，为了完成这一过程，必须熟练掌握编程指令，并能用指令编写加工程序。

 知识链接

一、 数控加工程序及编制过程

1. 数控加工程序的概念

数控车床加工不需要通过手工去进行直接操作，而是严格按照一套特殊的指令，并经机床数控系统处理后，使机床自动完成零件加工。这一套特殊指令的作用除了与工艺卡片的作用相同外，还能被数控装置所接收。这种能被机床数控系统所接收的指令集合，就是数控机床加工中所必需的数控加工程序。

数控加工程序是指按规定格式描述零件几何形状和加工工艺的数控指令集。

2. 数控编程的方式

在数控车床上加工零件，首先需要根据零件图样分析零件的工艺过程、工艺参数等内容，用规定的代码或程序格式编制出合适的数控加工程序，这个过程称为数控编程。不同的数控系统，它们的零件加工程序的指令是不同的。编程时必须按照数控机床的规定进行。数控编程分为手工编程和自动编程（计算机辅助编程）。

（1）手工编程　编程过程依赖人工完成的称为手工编程。手工编程主要用于编制结构简单，并可以用数控系统提供各种简化编程指令来编制数控加工程序的零件。由于数控车床主要加工对象是回转体零件，零件程序的编制相对简单，由此车削类零件的数控加工程序主要依靠手工编程完成。本书以手工编程为主介绍数控车床的编程知识与技巧。

（2）自动编程 自动编程是指编程人员使用计算机辅助设计与制造软件绘制出零件的三维或二维图形，根据工艺参数选择切削方式、设置刀具参数和切削用量等相关内容，再经过计算机后置处理，自动生成数控加工程序，并通过动态图形模拟查看程序的正确性。自动生成的数控加工程序可以通过传送电缆从计算机传送至数控车床。自动编程需要计算机辅助制造软件作支持，也需要编程人员具有一定的工艺分析和手工编程的能力。

3. 手工编程的一般过程

手工编程的一般过程如图 1-17 所示。

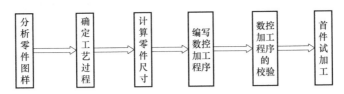

图 1-17 手工编程过程

二、 坐标系与运动方向的规定

为了便于编程时描述机床的运动，简化程序的编制方法及保证记录数据的互换性，数控机床的坐标和运动的方向均已标准化。

1. 建立坐标系的基本原则

1）永远假定工件静止，刀具相对于静止的工件移动。

2）坐标系采用笛卡儿坐标系。如图 1-18 所示，大拇指的方向为 X 轴的正方向，食指指向为 Y 轴的正方向，中指指向为 Z 轴的正方向，同时规定绕 X、Y、Z 轴旋转的为 A、B、C 三个旋转坐标。在确定了 X、Y、Z 轴坐标的基础上，根据右手螺旋法则，可以方便的确定出 A、B、C 三个旋转坐标的方向。

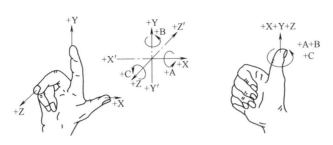

图 1-18 笛卡儿坐标系

3）规定 Z 坐标轴的运动由传递切削力的主轴决定，与主轴轴线平行的坐标轴即为 Z 轴，X 轴为水平方向，平行于工件装夹面并与 Z 轴垂直。

4）规定一刀具远离工件的方向为坐标轴的正方向。

依据以上的原则，当机床为前置刀架时，X 轴正向向前，指向操作者；当机床为后置刀架时，X轴正向向后，背离操作者，如图1-19所示。

2. 机床坐标系

如图1-20所示，机床坐标系是以机床原点为坐标系原点建立起来的ZOX直角坐标系。

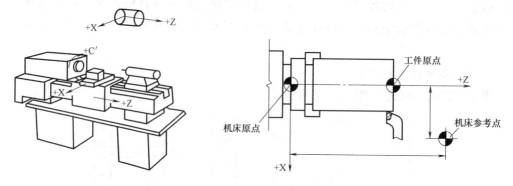

图1-19 机床坐标轴   图1-20 机床坐标系

（1）机床原点 机床原点（又称机械原点）即机床坐标系的原点，是机床上的一个固定点，其位置是由机床设计和制造单位确定的，通常不允许用户改变。数控车床的机床原点一般为主轴回转中心与卡盘后端面的交点。

（2）机床参考点 机床参考点也是机床上的一个固定点，它用机械挡块和电气装置来限制刀架移动的极限位置，其主要作用是给机床坐标系一个定位。如果每次开机后无论刀架停留在哪个位置，系统都把当前位置设成（0，0），这就会造成基准不统一。

数控机床在开机后首先要进行回参考点（或称回零点）操作。机床在通电之后，返回参考点之前，不论刀架处于什么位置，此时CRT上显示的Z与X的坐标值均为0。只有完成了返回参考点操作后，刀架运动到机床参考点，此时CRT上显示出刀架基准点在机床坐标系中的坐标值，即建立了机床坐标系。

（3）工件原点

数控车床加工时，工件可以通过卡盘夹持于机床坐标系下的任意位置，如此在机床坐标系下编程就很不方便，所以编程人员在编写零件的数控加工程序时通常要选择一个工件坐标系，即编程坐标系，程序中的坐标值均以工件坐标系为依据。

工件坐标系的原点可由编程人员根据具体情况确定，一般设在图样的设计基准或工艺基准处。根据数控车床的特点，工件坐标系原点通常设在工件左、右端面的中心或卡盘前端面的中心。

三、 数控加工程序

1. 数控程序的结构

一个完整的数控程序都由程序号、程序顺序号、程序内容和程序结束符三部分组成，其格式如下。

O0001   程序号

```
N10     G50 X100 Z50;
N20     M03 S800;
N20     G00X40 Z0;
 ⋮                          } 程序内容
N120    M05;
N130    M02;                } 程序结束符
```

（1）程序号 GS980TDb 系统程序名开头用字母 O 表示后加四位正整数，可以从 0001～9999，如 O2255。程序号一般要求单列一段且不需要程序段号。

（2）程序内容 程序内容是由若干个程序段组成的，表示数控机床要完成的全部动作。每个程序段由一个或多个程序字构成，每个程序段一般占一行，用换行（EOB）作为每个程序段的结束代号。

（3）程序结束指令 程序结束指令可用 M02 或 M30，一般要求单列一段。

2. **程序段格式**

所谓程序段，就是为了完成某一动作要求所需程序字（简称字）的组合。程序段格式是指程序字在程序段中的顺序及书写方式的规定。不同的数控系统，其规定的程序段的格式不一定相同。常用地址字的程序段格式见表1-4。使用地址字的程序段格式的优点是程序段中所包含的信息可读性高，便于人工编辑修改，为数控系统解释执行数控加工程序提供了一种便捷的方式。

表1-4 地址字的程序段格式

序号	1	2	3	4	5	6	7	8	9	10
代号	N	G	X、U	Y、V	Z、W	I、J、K、R	F	S	T	M
含义	顺序号	准备功能指令	坐标尺寸字				进给速度指令	主轴转速指令	刀具指令	辅助功能指令

3. **地址字**

地址字简称地址，在数控加工程序中是指位于程序字头的字符或字符组，用以识别其后的数据。在传递信息时，它表示其出处或目的地。在数控车床加工程序中常用的地址字有以下几种。

（1）顺序号字 N 顺序号字又称程序段号，一般位于程序段开头，它由地址字 N 及其后面的 1～4 位数字组成。顺序号字的数字可以不连续使用，也可以不从小到大使用。顺序号字不是程序段中的必用字，对于整个程序，可以每个程序段均有，也可以均没有，也可以部分程序段没有。

顺序号字的作用是便于人们对程序做校对和检索修改，用于加工过程中的显示屏显示，便于程序段的复位操作，此程序或宏程序用于条件转向或无条件转向的目标。

（2）准备功能字 G 准备功能字的地址值 G，所以又称 G 功能或 G 指令，它是设立机床工作方式或控制系统工作方式的一种命令。所以在程序段中 G 一般位于坐标尺寸字的前面。G 指令由字母 G 及其后面的两位数字组成，从 G00 ~ G99 共 100 种代码。GS980TDb 系统常用准备功能指令见表 1-5。

表 1-5　GS980TDb 系统常用的准备功能指令

G 指令	组别	功　　能	程序格式及说明	备注
G00		快速点定位	G00　X(U)_　Z(W)_;	初态代码
G01		直线插补	G01　X(U)_　Z(W)_　F_;	
G02		顺时针方向圆弧插补	G02　X(U)_　Z(W)_　R_　F_;	
G03		逆时针方向圆弧插补	G01　X(U)_　Z(W)_　R_　F_;	
G05		三点圆弧插补	G05　X(U)_　Z(W)_　I_　K_　F_;	
G6.2		顺时针方向椭圆插补	G6.2　X(U)_　Z(W)_　A_　B_　Q_;	
G6.3		逆时针方向椭圆插补	G6.3　X(U)_　Z(W)_　A_　B_　Q_;	
G7.2		顺时针方向抛物线插补	G7.2X(U)_　Z(W)_　P_　Q_;	
G7.3	01	逆时针方向抛物线插补	G7.3X(U)_　Z(W)_　P_　Q_;	模态
G32		螺纹切削	G32　X(U)_　Z(W)_　F(I)_　J_　K_　Q_;	G 代码
G32.1		刚性螺纹切削	G32.1　X(U)_　Z(W)_　C(H)_　F(I)_　S_;	
G33		Z 轴攻螺纹循环	G33　Z(W)_　F(I)_　L_;	
G34		变螺距螺纹切削	G34　X(U)_　Z(W)_　F(I)_　J_　K_　R_;	
G90		轴向切削循环	G90　X(U)_　Z(W)_　R_　F_;	
G92		螺纹切削循环	G92　X(U)_　Z(W)_　R_　F_　J_　K_　L_;	
G84		端面刚性攻螺纹	G84　X(U)_　C(H)_　Z(W)_　P_　F_　K_　M_;	
G88		侧面刚性攻螺纹	G88　Z(W)_　C(H)_　X(U)_　P_　F_　K_　M_;	
G94		径向切削循环	G90　X(U)_　Z(W)_　R_　F_;	
G04		暂停、准停	G04　P_; 或 G04　X_; 或 G04　U_;	
G7.1		圆柱插补	G7.1　C_;	
G10		数据输入方式有效		
G11		取消数据输入方式		
G28		返回机床第 1 参考点		
G30		返回机床第 2、3、4 参考点		
G31		跳转插补		
G36		自动刀具补偿测量 X		
G37		自动刀具补偿测量 Z		非模态 G
G50	00	坐标系设定		代码
G65		宏代码		
G70		精加工循环		
G71		轴向粗车循环		
G72		径向粗车循环		
G73		封闭切削循环		
G74		轴向切槽多重循环		
G75		径向切槽多重循环		
G76		多重螺纹切削循环		

（续）

G 指令	组别	功　能	程序格式及说明	备注
G20	06	寸制单位选择		模态
G21		米制单位选择		G 代码
G96	02	恒线速开		初态代码
G97		恒线速关		
G98	03	每分钟进给		初态代码
G99		每转进给		
G40	07	取消刀尖半径补偿		初态代码
G41		刀尖半径左补偿		模态
G42		刀尖半径右补偿		G 代码
G17	16	XY 平面		模态 G 代码
G18		ZX 平面		初态代码
G19		YZ 平面		模态 G 代码
G12.1	21	极坐标插补		非模态
G13.1		极坐标插补取消		G 代码

注：G 指令分为模态指令（又称续效代码）和非模态指令（又称非续效代码）两类。模态指令在程序中一经使用后就一直有效，直至出现同组中的其他任一 G 指令将其取代后才失效。非模态指令只在编有改代码的程序段中有效（如 G04），下一程序需要时必须重写。

（3）坐标尺寸值　坐标尺寸值在程序段字主要用来指令机床的刀具运动到达的坐标位置。坐标尺寸值是由规定的地址字及后续的带正、负号又有小数点的多位十进制数组成。

（4）进给功能字 F　进给功能字的地址字为 F，所以又称 F 功能或 F 指令。它的功能是指令切削的进给速度。现代的数控机床一般都能使用指定方式（又称直接指定法），即可用 F 后的数字直接指定进给速度，方便用户编程。

提示：有些数控系统进给速度的进给量单位由 G98 和 G99 指定。G98 表示进给速度与主轴速度无关的每分钟进给量，单位为 mm/min 或 in/min。G99 表示与主轴速度有关的主轴每转进给量，单位为 mm/r 或 in/r，如攻螺纹或套螺纹的进给速度单位用 G99 指定。

（5）主轴转速功能字 S　主轴转速功能字的地址为 S，所以又称 S 功能或 S 指令。它主要来指定主轴转速或速度，单位为 r/min 或 mm/min。

（6）刀具功能字 T　刀具功能字用地址字 T 及随后的数字代码表示，所以又称 T 功能或 T 指令。它主要用来指令加工中所用刀具号及自动补偿编组号，其自动补偿内容主要指刀具的刀位偏差或长度补偿及刀具半径补偿。

（7）辅助功能字 M　辅助功能又称 M 功能或 M 指令，用以指令数控机床中辅助装置的开关动作或状态。例如，主轴的启、停，切削液的通、断，以及更换刀具等。与 G 指令一样，M 指令由字母 M 及其后的两位数字组成，有 M00 ~ M99 共 100 种，见表 1-6。

表 1-6　GS980TDb 系统常用的 M 指令

代　码	功　能	说　明
M00	程序暂停	执行 M00 指令，主轴停，进给停，切削液关闭，程序停止。按下控制面板上的循环启动键可以取消 M00 状态，使程序继续向下执行
M01	选择停	功能和 M00 相似，不同的是 M01 在机床操作面板上选择停止，显示停止状态此功能才有效，M01 常用于关键尺寸的检测和临时暂停
M02	程序结束	该指令表示加工程序全部结束，使主轴运动、进给运动、切削液等停止，机床复位
M03	主轴正转	该指令主轴正转，主轴转速由 S 指定。例如，M03　S800；意思是主轴以 800r/min 的转速正转
M04	主轴反转	该指令反转，与 M03 相似
M05	主轴停止	M03 或 M04 指令作用后，可以用 M05 指令使主轴停止
M08	切削液开	该指令使切削液开启
M09	切削液关	该指令使切削液关闭
M10	尾座进	
M11	尾座退	
M12	卡盘夹紧	
M13	卡盘松开	
M14	主轴位置控制	
M15	主轴速度控制	
M20	主轴夹紧	
M21	主轴松开	
M30	程序结束并返回程序开始	程序结束并返回程序的第一条语句，准备下一个零件程序的加工
M32	切削液开	
M33	切削液关	
M41 M42 M43	主轴自动换挡	功能互锁，状态保持

四、　编程规则

1. 绝对值编程和增量编程

数控车床编程时，可以采用绝对值编程、增量值（也称相对值）编程或混合编程。

绝对值编程是根据已设定的工件坐标系计算出的工件轮廓各点的绝对坐标值进行编程的，程序中常用 X、Z 表示。

增量值编程是用相对前一个位置的坐标增量来表示坐标值的编程方法，程序中用 U、W 表示，其正负由行程方向确定，当行程方向与工件坐标系方向一致时为正，反之为负。

混合编程是将绝对值编程和增量编程混合起来进行编程的方法。

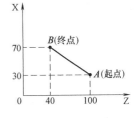

图 1-21　直线位移编程

如图 1-21 所示，从点 A 到点 B 位移，三种编程方法如下。

1）绝对值编程：X70　Z40；。

2）增量值编程：U40　W-60；。

3）混合编程：X70　W-60；或 U40　Z40；。

当 X、U 或 Z、W 在一个程序中同时指令时，后面的指令有效。

2. 直径编程和半径编程

因为车削零件的横截面一般为圆形，所以在编程时 X 轴尺寸有直径编程和半径编程两种方法。用直径指定时称为直径编程；用半径指定时称为半径编程。具体是用直径指定还是半径指定，可以用机床参数设置。

注意：

1）在编程中，凡是没有特别指出是用直径编程还是半径编程，均为直径编程。

2）当切削外径时，用直径指定，位置编程值的变化量与零件外径的直径变化量相同。当直径指定时刀具补偿变化 10mm，则零件外径的直径也变化 10mm。

五、程序的编辑

程序编辑是数控机床操作中经常用到的以加工程序为对象的有关操作，主要操作内容包括程序的输入、检查、修改、删除和插入等编辑方式。

1. 程序的输入

将编制好的工件程序输入到数控系统中去，以实现机床对工件的自动加工。使用 NC 操作键盘输入程序的操作方法如下。

1）将操作方法设置为编辑方式。

2）按下程序功能键。

3）在 NC 键盘上依次输入程序内容，以字母 O 开头后面跟 4 位数字的程序名。

4）后一次输入程序内容，每输入一个程序段后，按 <EOB> 键表示结束。

2. 程序的检查

对于已输入到储存器中的程序必须进行检查，对于检查中发现的程序指令错误、坐标值错误、几何图形错误等必须进行修改。待加工程序完全正确，才能空运行操作。程序检查的常用方法是对图形进行模拟加工。在模拟加工中，逐段地执行程序，以便进行程序的检查，其操作过程如下。

1）按设置键（SET）两下，同时按机床锁、辅助锁和空运行键。

2）按循环启动按钮，CRT 显示正在运行的程序轨迹，主轴及刀具不运动。

3）图形显示里面 I 图形放大，M 图形缩小，S 图形运行开始，T 图形运行停止，R 清除图形校验，K图形的切换（横竖直接切换）。

GS980TDb系统应先图形校验后再进行对刀操作，如先对刀再进行图形校验，则容易丢刀补。

3. 程序的修改

对于程序输入后发现的错误或程序检查中发现的错误，必须进行修改，即对某些字要进行修改、插入或删除。

（1）程序的修改　若需要修改程序段"G01 X50 Z100"中"G01"改为"G00"，具体步骤为：在编辑状态下，将光标移动"G01"后面，按删除键删"1"后输入"0"，则"G01"被修改成"G00"。

（2）程序的插入　若需要将程序段"G01 X50 F100"中插入"Z1"，改为"G01 X50 Z1 F100"，具体步骤为：在编辑状态下，将光标移至"X50"后面位置依次输入"Z1"，则程序插入成功。

（3）字的删除　若需删除程序段"G00 X60 F100"中的"F100"，具体步骤为：将光标移至要删除的字"F100"后面按删除＜DEL＞键，则"F100"被删除。

（4）删除程序段　若需删除"G01　X60　F100"程序段，具体步骤如下。

1）将光标移至要删除的"F100"处。

2）按＜DEL＞键，程序段"G01　X60　F100"即被删除。

（5）删除程序　删除程序的具体步骤如下。

1）方式开关选定为编辑模式。

2）按＜PRG＞键，CRT显示编辑程序画面。

3）输入要删除的程序号。

4）按＜DEL＞键输入程序号的程序被删除。

（6）删除全部程序

1）选择编辑模式。

2）按＜PRG＞键，显示程序画面。

3）键入地址"0"，键入"－9999"。

4）按＜DEL＞键，删除全部程序。

 兴趣阅读

中国数控机床发展历史

数控机床是数字控制机床（Com puter Numerical Control Machine Tods）的简称，是集现代机械制造技术、微电子技术、功率电子技术、通信技术、控制技术、传感技术、光电技术和液压气动技术等为一体的机电一体化产品，是兼有高精度、高效率、高柔性的高度自动化生产制造设备。

世界上第一台数控机床于1952年诞生于美国。我国于1958年研制成功第一台数控铣床。20 世纪 60 年代，数控机床进入了商品化生产阶段。由于数控系统处于电子管、晶体管时代，后期出现了集成电路，但系统设备庞大复杂，成本高，可靠性低。数控机床的伺服进给系统主要是电液脉冲马达、功率步进电动机、大惯量直流电动机驱动系统；主轴驱动系统主要是直流电动机驱动；功率源主要是由机组，后来由晶闸管供电，采用有环流或无环流控制方式。20 世纪 70 年代出现了微处理器，给数控机床的发展注入了新的活力，开创了计算机数控（CNC）的新时期。20 世纪 80 年代之后，数控机床进入了成熟和普及期。数控系统的微处理器由 16 位向 32 位过渡，使数控机床的精度、效率、柔性进一步提高。近年来，数控技术总的发展趋势是高精度、高柔性和高速度。最高进给速度已超过100m/min，最小分辨率为 0.01μm，主轴速度可达 1000 ~ 20000r/min，甚至高达 40000 ~ 50000r/min。

经过多年的发展，数控机床在我国已形成了自己的特色和一定的生产能力。我国共有数控机床生产厂 100 多家，1990 年生产量为 2632 台，1993 年为 13031 台，生产总值为11.87 亿元。我国数控机床的主轴驱动也开始采用交流变频矢量控制驱动系统，但常用的速度均在 3500r/min 以下，交流伺服驱动系统的进给速度多为 10 ~ 15m/min。我国的数控机床在电气拖动上与国外有较大的差距。数控机床一般由机、电两大部分构成。其中，电气电子部分主要是由数控系统（CNC）、进给伺服驱动和主轴驱动系统组成。根据数控系统发出的命令要求，伺服系统准确快速地完成各坐标轴的进给运动，与主轴驱动相配合，实现对工件快速地高精度地加工。因此，伺服驱动和主轴驱动是数控机床的重要组成部分，它的性能好坏对零件的加工精度、加工效率与成本都有重要的影响，而且在整个数控机床成本的构成中也占有不可忽视的份额。

由于机床的加工特点，运动系统经常处于四象限运行状态。因此，如何将机械能及时回馈到电网，提高运行效率也是一个极其重要的问题。伺服驱动功率一般在 10kW 以下，主轴驱动功率在 60kW 以下。这里，主要从节电的角度考虑数控机床的电气拖动问题。

学后测评

一、填空题

1. 数控程序的编制方式有_____编程和_____编程两种。

2. 现代数控车床都是按照事先编制好的_____自动对工件进行加工的。

3. 数控车床坐标系采用_____坐标系。

4. 数控车床坐标系是以机床原点为坐标系建立起来的_____坐标系。

5. 数控车床的机床原点一般为_____的交点。

6. _____也是机床上的一个固定点，它是用机械挡块或电气装置来限制刀架移动的极限位置。

7. _____坐标系的原点可由编程人员根据情况确定，一般设在图样的设计基准或工艺基准处。

8. 一个完整的程序，一般由_____、程序内容和程序结束三部分组成。

二、判断题

1. 未曾在机床运行过的新程序在调入后最好进行校验运行，正确无误后再启动自动运行。 （   ）

2. 循环加工时，当执行有 M00 指令的程序段后，如果要继续执行下面的程序，则必须按进给保持按键。 （   ）

3. 辅助功能 M00 指令为无条件程序暂停，执行该程序指令后，所有的运转部件停止运动，且所有模态信息全部丢失。 （   ）

4. M08 指令表示切削液打开。 （   ）

5. 准备功能又称 M 功能。 （   ）

6. 辅助功能又称 G 功能。 （   ）

7. 数控系统中，坐标系的正方向是使工件尺寸减小的方向。 （   ）

8. 直接根据机床坐标系编制的数控加工程序不能在机床运行，所以必须根据工件坐标系编程。 （   ）

三、选择题

1. 准备功能 G02 代码的功能是_____。 （   ）

A. 快速点定位   B. 逆时针方向圆弧插补

C. 顺时针方向圆弧插补   D. 直线插补

2. 进给功能用于指定_____。 （   ）

A. 进刀深度   B. 进给的速度

C. 进给转速   D. 进给方向

3. 程序中的主轴功能，也称为_____。 （   ）

A. G 指令   B. M 指令   C. T 指令   D. S 指令

4. 数控机床的 Z 轴方向_____。 （   ）

A. 平行与工件装夹方向   B. 垂直与工件装夹方向

C. 与主轴回转中心平行   D. 不确定

5. _____由编程者确定，编程时可根据方便编程的原则确定在工件的位置。 （   ）

A. 工件零点   B. 刀具零点   C. 机床零点   D. 对刀零点

6. 将绝对值编程与增量值编程混合起来编程的方法称_____编程。 （   ）

A. 绝对   B. 相对   C. 混合   D. 平行

7. 数控加工程序单是编程人员根据工艺分析，经过数值计算，按照机床特定的_____编写的。 （   ）

A. 汇编语言   B. BASIC 语言

C. 指令代码   D. AutoCAD 语言

8. 主轴停止是用_____辅助功能表示。 （   ）

A. M02   B. M05   C. M00   D. M01

任务实施

如下程序是图 1-16 所示零件的加工程序。本任务要求识读该程序，将其输入到数控系统中，并校验程序是否输入正确。

N10　M03　S1500；

N20　T0101；

N30　G00　X35　Z1；

N40　X33；

N50　G01　Z-50　F100；

N60　G00　X35　Z1；

N70　G00　X30.5；

N80　G01　Z-50　F100；

N90　G00　X35　Z1；

N100　G00　X28；

N110　G01　Z-36　F100；

N120　G00　X35　Z1；

N130　G00　X25.5；

N140　G01　Z-36　F100；

N150　G00　X35　Z1；

N160　G00　X23；

N170　G01　Z-17　F100；

N180　G00　X35　Z1；

N190　G00　X20.5；

N200　G01　Z-17　F100；

N210　G01　X20　Z0　F100；

N220　Z-17；

N230　X25；

N240　Z-36；

N250　X30；

N260　Z-50；

N270　G00　X100　Z100；

N280　M05；

N290　M02；

项目二 端面与阶梯轴的车削

任务一 阶梯轴车削的基础知识

 知识目标

1. 了解车削外圆与端面的方法。
2. 了解切削参数的确定方法。
3. 熟练掌握装刀与对刀的操作。

 技能目标

1. 掌握 G00、G01 指令格式及其应用方法。
2. 掌握轴类零件加工的编程方法，并对其进行数控加工。

 **任务引入**

本任务是训练学生在加工端面和外圆时能正确选用刀具，在车削工件前能正确安装刀具，能用 G00、G01 指令编写简单的轴类零件加工程序。

知识链接

一、外圆车削与端面车削时刀具的选用

1. 外圆车削刀具的选用

在车削加工中，外圆车削是基础车削加工，绝大部分的工件都少不了这道工序。常用的外圆车刀有以下三种。

1）75°车刀，该车刀强度较高，常用于粗车外圆，如图 2-1a 所示。

2）45°车刀（弯头刀），该车刀适用于车削不带台阶的光滑轴，如图 2-1b 所示。

3）90°车刀（偏刀），该车刀适用于加工细长工件的外圆及粗车等，如图 2-1c 所示。

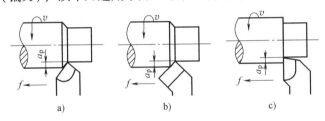

图 2-1 外圆车刀

a）75°外圆车刀 b）45°外圆车刀 c）90°外圆车刀

2. 端面车削刀具的选用

常用端面车刀的种类及特点见表 2-1。

表 2-1 常用端面车刀的种类及特点

种类	图形	特点	种类	图形	特点
45°车刀		可采用较大的背吃刀量，切削顺利，表面质量较好，而且大、小端面均可切削	90°左偏刀		从外向工件中心进给，适用于加工尺寸较小的端面或一般台阶
90°左偏刀		从工件中心向外进给，适用于加工工件中心带孔的端面或一般台阶	90°右偏刀		刀头强度较高，适用于车削较大端面，尤其是铸锻件的大端面

二、 装刀与对刀

1. 安装车刀

在安装车刀时须注意以下事项。

1）车刀安装在刀架上的伸出部分应尽量短，长度应为刀具厚度的 1~1.5 倍。

2）车刀下面的垫铁要平整，数量要少（1~2 片），并与刀架对齐。车刀要用螺栓夹紧在刀架上，以防振动。

3）车刀刀尖应与主轴中心线等高。如图 2-2 所示，以车削外圆（或横车）为例，当车刀刀尖高于工件轴线时，因其车削平面与基面的位置发生变化，使其前角增大，后角减小；反之，前角减小，后角增大。

因此，安装刀具时，刀尖应与工件中心等高，不能低也不能高于工件中心。

4）车刀刀杆中心线应与进给方向垂直，如图 2-3 所示。

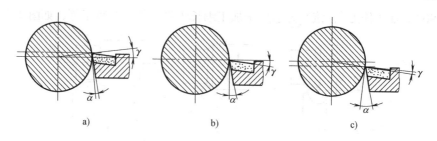

图2-2　装刀高低对车刀前后角的影响

a）高于工件轴线　b）等高　c）低于工件轴线

2. 刀位点与对刀

（1）刀位点　刀位点是指在加工程序编程中用以表示刀具特征的点。在执行加工程序前，需调整每把刀的刀位点，使其尽量与某一理想基准点重合，这一过程称为对刀。理想基准点可以设置在基准刀的刀尖上，也可以设置在对刀仪的对刀中心上（如光学对刀境内的十字刻线交点）。刀位点也是对刀和加工的基准点。对刀的好坏，将直接影响加工程序的编制与零件的尺寸精度。

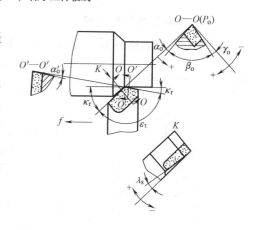

注意：对刀操作的目的是通过对刀操作建立工件坐标系，同时将刀具补偿预置在系统中。

图2-3　车刀刀杆中心线与进给方向垂直

（2）GS980TDb系统T指令对刀　用T指令对刀时，采用的是绝对刀偏法对刀，实质就是使某一把刀的刀位点与工件原点重合，找出该刀的刀位点在机床坐标系中的坐标，并保存在刀补寄存器中。

采用T指令对刀前，应注意机床先回参考点（零点）。试切对刀法如图2-4所示，对刀步骤如下。

1）在手动方式中试切削端面，沿X轴方向退刀，停止主轴，不允许移动Z轴。

2）在刀补里面找到相应的刀位号输入"Z0"或者工件长度。

3）再次起动主轴，在工件上车削一个小台阶后沿Z轴退出，停止主轴。

4）用游标卡尺或者千分尺测量已车削外圆直径。将测量的外圆直径值输入到相应的刀位号上，如X50.3，然后按输入键。

3. 确定对刀点和换刀点的位置

（1）确定对刀点的位置　对刀点（又称起刀点）是指在数控车床上加工零件时，刀具相对零件作切削运动时的起始点。对刀点的位置选择原则如下。

1）尽量与工件尺寸的设计基准或工艺基准相一致。

2）尽量使加工程序的编制工作简单、快捷。

3）便于用常规量具和测量仪在机床上找正。

4）该点的对刀误差较小或可能引起的加工误差为最小。

5）尽量使加工程序中的引入（或返回）路线短，便于换刀。

6）应选择在机床规定机械间隙状态（消除或保持最大间隙方向）相适应的位置上，避免在执行其自动补偿时造成"反补偿"。

7）必要时，对刀点可设置在工件上

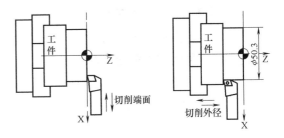

图2-4　试切对刀法

的某一要素或其延长线上，或设定在与工件定位基准有一定坐标关系的夹具某一位置上。

确定对刀点的位置的方法较多，对设置了固定原点的数控机床，可配合手动及数显功能进行确定；对没有设置固定原点的数控机床，则可视其确定的精度要求而分别采用位移算法、模拟定位法或近似定位法等进行确定。

（2）确定换刀点位置　换刀点是指刀架换位时的位置。换刀点的位置可设定在程序原点、机床固定原点或浮动原点上，其具体的位置根据工序内容确定。

注意：为了防止在换刀时碰撞到加工零件或夹具，除特殊情况外，换刀点都应设置在被加工零件的外面，并保留有一定的安全区。

三、　确定切削用量

编程时，为了保证加工精度和表面质量，必须确定每道工序的切削用量，并以指令的形式写入程序中。切削用量包括切削速度和背吃刀量等。

1. 切削用量的选用原则

切削用量的选用原则是保证零件加工精度和表面粗糙度，充分发挥刀具的切削性能，保证合理的刀具使用寿命，充分发挥机床的性能，最大限度提高生产效率，降低成本。对不同的加工精度，不同材料的加工方法，需要选用不同的切削用量。

粗加工时，选择切削用量应先选取尽可能大的背吃刀量，再根据机床动力和刚度的限制条件选取尽可能大的进给量，最后根据刀具使用寿命的要求，确定合适的转速。

精加工时，首先根据粗加工的余量确定背吃刀量，再根据已加工表面的表面粗糙度要求选取合适的进给量，最后在保证刀具使用寿命的前提下，尽可能选取高的转速。

2. 背吃刀量（a_p）的确定

背吃刀量需根据机床、工件和刀具等因素来选择。在各方面条件允许的情况下，应尽可能使背吃刀量等于工件切削的量，减少走刀次数，提高生产率。为了保证加工表面的质量，可留少许的精加工余量，一般为 $0.2 \sim 0.5 \text{mm}$。

3. 主轴转速（n）的确定

车削加工主轴转速应根据允许的切削速度和工件直径来选择，按 $v_c = \dfrac{\Delta dn}{1000}$ 计算。

切削速度的 v_c 的单位为 m/min，由刀具的使用寿命决定，计算时可参考切削手册选取。对有级变速经济型数控车床，须按车床说明书选择与所计算转速接近的转速。

4. 进给速度（v_f）的确定

进给速度是数控机床切削用量中的重要参数，其大小直接影响表面粗糙度值和车削效率。它根据零件的加工精度和表面粗糙度要求以及刀具、工件的材料性质来选取。最大进给速度受机床刚性和进给系统的性能限制。确定进给速度的原则如下。

1）当工件的质量要求能够得到保证时，为提高效率，可选择较高的进给速度。一般在 100 ~ 200mm/min 范围内选取。

2）在车断、加工深孔或用高速钢刀具加工时，宜选用较低的进给速度，一般在 20 ~ 50mm/min 范围内选取。

3）当加工精度、表面粗糙度要求较高时，进给速度应较小些，一般在 20 ~ 50mm/min 范围内选取。

4）刀具空行程时，特别是远距离回零时，可设定该机床数控系统的最高进给速度。计算进给速度时，可参考切削用量手册选取每转进给量，然后按公式 $v_f = nf$ 计算进给速度。

四、 指令介绍

1. 快速点定位指令 G00

G00 指令是以点单位控制方式从刀具所在点快速移动到下一个目标位置。

（1）指令格式　G00　X（U）__ Z（W）__;

式中，X、Z 为刀具目标点绝对坐标值；U、W 为刀具坐标点相对于起始点的增量坐标值，不运动的坐标可以不写。

（2）指令说明

1）G00 只是快速定位，而无运动轨迹要求，且无切削加工过程。G00 为模态指令，可由 G01、G02、G03 或 G33 功能注销，G00 一般用于加工前的快速定位或加工后的快速退刀。

2）移动速度不能用程序控制，而通过机床系统的参数预先设置；快速移动速度可由机床面板上的快速进给倍率开关进行调节。

3）G00 的执行过程为：刀具由程序起始点加速到最大速度，然后快速移动，最后减速到终点，实现快速点定位。

4）刀具的实际路线有时不是直线，而是折线，使用时应注意刀具不能与工件相干涉。

（3）实例　如图 2-5 所示，刀具快速从点 A 移动到点 B 的编程方式如下。

1）绝对坐标编程方式：G00 X20 Z0;

2）相对坐标编程方式：G00 U-12 W-5;

3）混合坐标编程方式：G00 X20 W-5; 或 G00 U-12 Z0;

2. 直线插补指令 G01

G01 指令是直线运动命令，规定刀具在两坐标或三坐标可以插补联动方式按指定的进给速度做任意的直线运动。

（1）指令格式　G01 X（U）____　Z（W）____

F____；

（2）指令说明

1）G01 程序中必须含有 F 指令，进给速度由 F 指令决定。F 指令也是模态指令，可由 G00 指令取消。

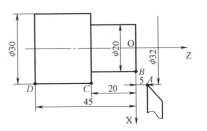

图 2-5　刀具快速移动

如果在 G01 程序段之前的程序段没有 F 指令，且现在的 G01 程序段中也没有 F 指令，则机床不运动。G01 模态指令，可由 G00、G02、G03 或 G33 指令注销。

2）程序段中 F 指令进给速度在没有新的 F 指令以前一直有效，不必在每个程序段中都编入 F 指令。

（3）实例　如图 2-5 所示，用 G01 编写 $A \rightarrow B \rightarrow C \rightarrow D$ 的刀具轨迹。

1）绝对坐标编程方式：

G01 X20 Z0 F100；　　　　　　　　//$A \rightarrow B$

G01 X30 Z-20 F100　　　　　　　　//$B \rightarrow C$

G01 X30 Z-45 F100　　　　　　　　//$C \rightarrow D$

2）相对坐标编程方式：

G01 U-12 W-5　F100；　　　　　　//$A \rightarrow B$

G01 U10　W-20 F100；　　　　　　//$B \rightarrow C$

G01 U0　　W-25 F100；　　　　　　//$C \rightarrow D$

 学后测评

一、填空题

1. _____是指在加工程序调制中，用以表示刀具特征的点，也是对刀和加工的基准点。

2. 在加工过程执行前，调整每把刀的刀位点，使其尽量与某一理想基准点重合，这一过程称为_____。

3. _____是指在编制加工中心、数控车床等多刀加工的各种数控机床所需的加工程序时，相对于机床固定原点而设置的一个自动换刀和换工作台的位置。

4. G00 指令使刀具以_____控制方式所在点快速移动到下一目标位置。

二、判断题

1. G00、G01 指令都能使机床坐标轴准确到位，因此它们都是插补命令。　（　　）

2. 如果在 G01 程序段之前的程序段没有 F 指令，且现在的 G01 指令程序段中没有 F 指令，则机床不运动。　　　　　　　　　　　　　　　　　（　　）

3. 当车刀刀尖高于工件轴线时，因其车削平面与基面的位置发生变化，使前角减小，后角变大。　　　　　　　　　　　　　　　　　　　　　　　　（　　）

4. 为了防止在换刀时碰刀，加工零件或夹具，除特殊情况外，换刀点都应设置在被

加工零件的外面，并留有一定的安全区。 （　　）

三、选择题

1. 数控车床加工中需要换刀时，程序中应设定_____点 （　　）

A. 参考　　　　B. 机床原点　　　　C. 刀位　　　　D. 换刀

2. G00 指令移动速度值时_____指定。 （　　）

A. G00　　　　B. 数控程序　　　　C．操作面板　　　　D. 随意设定

3. 直线定位指令_____。 （　　）

A. G00　　　　B. G01　　　　C. G50　　　　D. G02

4. 程序段中"G01 X __ Z __ F __"下一个程序段中使用_____指令才能取代 G01。 （　　）

A. G50　　　　B. G10　　　　C. G04　　　　D. G00

四、编程题

如图 2-6 所示，写出各节点的坐标，用 G00　G01 指令编写精加工程序。

任务实施

如图 2-7 所示，写出各节点的坐标，用 G00　G01 指令编写精加工程序并输入数控车床内校验程序。

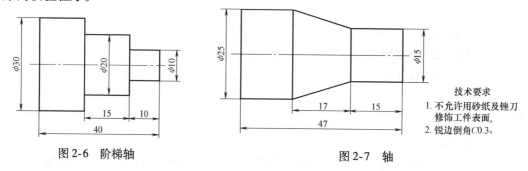

图 2-6　阶梯轴

图 2-7　轴

技术要求
1. 不允许用砂纸及锉刀修饰工件表面。
2. 锐边倒角C0.3。

任务二　车削阶梯轴

　知识目标

1. 掌握快速点定位指令 G00 的格式及编程方法。

2. 掌握直线插补指令 G01 的格式及编程方法。

技能目标

1. 熟悉阶梯轴的编程及加工方法。

2. 能够使用量具测量零件的尺寸。

编制图 2-8 所示阶梯轴的数控加工程序，已知毛坯尺寸为 $\phi45\text{mm} \times 57\text{mm}$，材料为 45钢，单件加工。

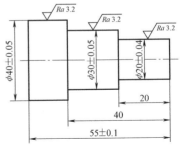

图 2-8 阶梯轴

知识链接

一、 制订加工工艺路线

1. 图样分析

本任务中零件需要加工两端面及车削 $\phi40\text{mm}$、$\phi30\text{mm}$ 和 $\phi20\text{mm}$ 外圆柱面，同时还需要保证总长 $55 \pm 0.1\text{mm}$，无热处理要求。

2. 设备的选用

根据零件的图样要求结合学校设备情况，可选用 GS980TDb、华中 21 系统 CAK6136 型卧式经济型数控车床。

3. 刀具的选择

1）45°端面车刀，用于车削工件的端面。

2）90°外圆车刀，用于粗车和精车工件的外圆。

4. 切削参数的确定

1）车削端面时，$n = 800\text{r/min}$，用手轮控制进给量。

2）粗车外圆时，$a_p = 1\text{mm}$（单边），$n = 800\text{r/min}$，$v_f = 100\text{mm/min}$。

3）精车外圆时，$a_p = 0.5\text{mm}$，$n = 1200\text{r/min}$，$v_f = 80\text{mm/min}$。

5. 工艺方案及加工路线

根据零件图样要求、毛坯情况，确定工艺方案及加工路线工艺方案如下。

（1）工艺方案 用自定心卡盘夹持 $\phi45\text{mm}$ 外圆，使工件伸出卡盘约 42mm，一次安装完成 $\phi20\text{mm}$、$\phi32\text{mm}$ 外圆的车削，掉头装夹 $\phi30\text{mm}$ 外圆，加工 $\phi40\text{mm}$ 外圆。

（2）加工路线

1）用 45°端面车刀车削右端面。

2）用 90°外圆车刀粗车 $\phi20\text{mm}$、$\phi30\text{mm}$ 外圆，留 0.5mm 精车余量。

3）精车 $\phi20\text{mm}$、$\phi30\text{mm}$ 外圆并控制到公差尺寸范围内。

4）调头加工左端面，保证总长 55mm。

5）粗车 $\phi40\text{mm}$ 外圆，留 0.5mm 精车余量。

6）精车 $\phi40\text{mm}$ 外圆并控制到公差尺寸范围内。

二、 填写数控加工工艺卡片

综合前面分析的各项内容，并将其填写在表 2-2 的数控加工工艺卡片中。此卡片是编制数控加工程序的主要依据，是操作人员编写数控加工程序及加工零件的指导性文件，主要内容包括工步、工步内容、各工步所用的刀具及切削用量。

表 2-2 数控加工工艺卡片

单位名称					产品型号		
					产品名称		阶梯轴
零件号		材料型号	45钢	毛坯	种类	棒料	设备型号
每台件数	1件				规格尺寸	$\phi45\,\text{mm}\times57\,\text{mm}$	

工序号	工序名称	工步号	工序工步内容	切削参数			工艺装备		
				$n/(\text{r/min})$	a_p/mm	$v_f/(\text{mm/min})$	夹具	刀具	量具
1	备料		备料 $\phi45\,\text{mm}\times57\,\text{mm}$				自定心卡盘		
2	车	1	车工件右端面	800		手轮控制	自定心卡盘	45°端面车刀	
2		2	粗车 $\phi20\,\text{mm}$、$\phi30\,\text{mm}$ 外圆	800	1（单边）	100	自定心卡盘	90°外圆车刀	游标卡尺
		3	精车 $\phi20\,\text{mm}$、$\phi30\,\text{mm}$ 外圆	1200	0.5	80	自定心卡盘	90°外圆车刀	千分尺
		4	车工件左端面并保证总长	800		手轮控制	自定心卡盘	45°端面车刀	游标卡尺
		5	粗车 $\phi40\,\text{mm}$ 外圆	800	1（单边）	100	自定心卡盘	90°外圆车刀	游标卡尺
		6	精车 $\phi40\,\text{mm}$ 外圆	1200	0.5	80	自定心卡盘	90°外圆车刀	千分尺

三、 编写加工程序（以 GSK980TDb 为例）

```
O2001                        //程序号
N10   M03 S800;              //主轴正转
N12   T0101;                 //1号刀具1号刀补
N14   G00  X45 Z1;           //快速定位到起刀点
N16        X43;              //背吃刀量2mm
N18   G01  Z-40 F100;        //车削工件长度
N20   G00  X45  Z1;
N22        X41;
```

N24　G01　Z-40　F100；

N26　G00　X45　Z1；

N28　　　　X39；

N30　G01　Z-40　F100；

N32　G00　X45　Z1；

N34　　　　X37；

N36　G01　Z-40　F100；　　　　//留0.5mm精车余量

N38　G00　X45　Z1；

N40　　　　X35；

N42　G01　Z-40　F100；

N44　G00　X45　Z1；

N46　　　　X33；

N48　G01　Z-40　F100；

N50　G00　X45　Z1；

N52　　　　X30.5；　　　　　//留0.5mm精车余量

N54　G01　Z-45　F100；

N56　G00　X45　Z1；

N58　　　　X28；

N60　G01　Z-20　F100；　　　　//车削φ20mm外圆

N62　G00　X45　Z1；

N64　　　　X26；

N66　G01　Z－20　F100；

N68　G00　X45　Z1；

N70　　　　X24；

N72　G01　Z-20　F100；

N74　G00　X45　Z1；

N76　　　　X22；

N78　G01　Z－20　F100；

N80　G00　X45　Z1；

N82　　　　X20.5；　　　　　//留0.5mm精车余量

N84　G01　Z－20　F100；

N86　G00　X45　Z1；

N88　G01　X20　Z0　F80；　　//精加工

N90　G00　X50　Z50；　　　　//退刀

N92　M05；　　　　　　　　//主轴停止

N94　M02；　　　　　　　　//程序结束

**学后测评**

编写图2-9所示阶梯轴的数控加工工艺并填写数控加工工艺卡片，编制该零件的数控加工程序。已知毛坯尺寸为$\phi40mm \times 67mm$，材料为45钢。

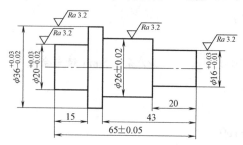

图2-9　阶梯轴

任务实施

编写图2-10所示阶梯轴的数控加工工艺并填写数控加工工艺卡片，编制该零件的数控加工程序，并加工出合格的工件。已知毛坯尺寸为$\phi30mm \times 53mm$，材料为45钢。

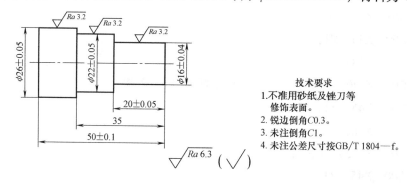

技术要求
1.不准用砂纸及锉刀等修饰表面。
2. 锐边倒角C0.3。
3. 未注倒角C1。
4. 未注公差尺寸按GB/T 1804—f。

图2-10　阶梯轴

项目三　　圆锥的车削

任务一　圆锥车削的基础知识

 知识目标

1. 了解锥体加工工艺路线的确定方法。
2. 掌握刀尖圆弧半径补偿指令的应用。

 技能目标

1. 掌握锥体零件数控加工程序的编制方法，并能对其加工。
2. 掌握倒角数控加工程序的编制方法，并能对其加工。

任务引入

编制图 3-1 所示圆锥的数控加工程序。其毛坯尺寸为 $\phi30mm \times 47mm$，材料为 45 钢。由于该零件的外形相对简单，去除的余量也不大，因此可采用直线插补指令 G01 编写加工程序，但要注意加工锥体时的走刀路线及所用刀具的几何形状，避免过切或欠切现象的发生。

知识链接

一、外圆锥车削加工路线的确定

在数控车床上车削外圆锥时可分为车正锥和车倒锥两种情况，而每一种情况又有平行车削法和终点坐标相同法两种加工路线。

图 3-2a 所示为平行车削法车正锥的加工路线。平行车削法车正锥时，刀具每次切削的背吃刀量相等，切削运动的距

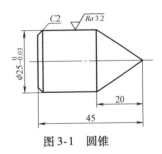

图 3-1　圆锥

43

离短。采用这种方法加工时，加工效率高，但需要计算终刀距 L_0。

假设圆锥大径为 D，小径为 d，锥长为 L，背吃刀量为 a_p，则由相似三角形可得

$$\frac{D-d}{2L} = \frac{a_p}{L_0}$$

则

$$L_0 = \frac{2La_p}{D-d}$$

图 3-2b 所示为终点坐标相同法车正锥加工路线。终点坐标相同法车正锥时不需要计算终刀距 L_0。但在每次切削的背吃刀量是变化的，而且切削运动的路线较长，容易引起工件表面粗糙度不一致。

车倒锥的两种加工路线，其原理与正锥相同。

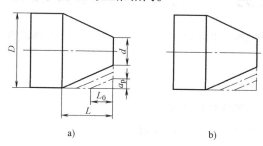

图 3-2　车削正锥

a）平行车削法　b）终点坐标相同法

二、 刀尖圆弧半径补偿

刀具补偿功能是数控车床的主要功能，它分为刀具位置补偿和刀尖圆弧半径补偿。项目 2 中所讲的对刀就是为了建立刀具位置补偿，在此只讲述刀尖圆弧半径补偿。

1. 刀尖圆弧半径补偿的目的

在理想状态下，尖形车刀的刀位点被假想成一个点，即假想刀尖，如图 3-3a 所示。但实际加工中的车刀，由于工艺或其他要求，刀尖往往不是一个理想的点，而是一段圆弧，如图 3-3b 所示。该圆弧所构成的假想圆弧半径就是刀尖圆弧半径。

一般的机夹可转位刀片刀尖处均呈圆弧过渡，且有一定的半径值。即使是专门刃磨的"尖刀"其实际状态还是有一定的圆弧，不可能是绝对的尖角。因此，实际上真正的刀尖是不存在的。本书所说的刀尖均是假想刀尖。但是，编程计算点是根据理论刀尖（假想刀尖）来计算的，相当于图 3-3a 中尖头的假想刀尖点。

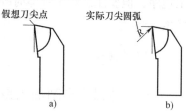

图 3-3　刀尖

a）假想刀尖点　b）实际刀尖圆弧

实际加工中，所有车刀均有大小不等或近似的刀尖圆弧，假想刀尖是不存在的。当加工与坐标轴平行的圆柱面和端面轮廓时，刀尖圆弧并不影响其尺寸或形状，只是可能在起点与终点造成欠切，这可采用分别加导入、导出切削段的方法来解决。但当加工锥面、圆

弧等非坐标方向轮廓时，刀尖圆弧将引起尺寸或形状误差，出现欠切或过切，如图3-4所示。

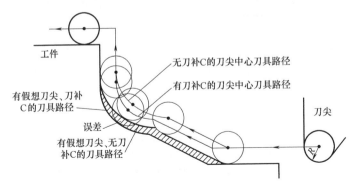

图3-4 刀尖圆弧造成欠缺与过切

综上所述，当使用带有刀尖圆弧半径的刀具加工锥面和圆弧面时，必须将假想刀尖点的路径作适当的修正，使切削加工出来的工件能获得正确的尺寸，这种修正方法称为刀尖圆弧半径补偿。

注意：图中的锥面和圆弧面尺寸均比编程轮廓大，而且圆弧形状也发生了变化。这种误差的大小不仅与轮廓形状、走势有关，而且与刀具圆弧半径有关。如果零件精度较高，就可能出现超差。

现代数控车床控制系统一般都具有刀具半径补偿功能。这类系统只需要按零件轮廓编程，并在加工前输入刀具半径数据，通过在程序中使用刀具半径补偿指令，数控装置可自动计算刀具中心轨迹，并使刀具中心按此轨迹运动。也就是说，执行刀具半径补偿后，刀具中心将自动在偏离工件轮廓一个半径的轨迹上运动，从而加工出所要求的工件轮廓。

2. 刀尖圆弧半径补偿指令

（1）指令格式

1）G41 G01（G00）X（U）＿＿ Z（W）＿＿ F＿＿；（刀具半径左补偿指令）。

2）G42 G01（G00）X（U）＿＿ Z（W）＿＿ F＿＿；（刀具半径右补偿指令）。

3）G40 G01（G00）X（U）＿＿ Z（W）＿＿； （取消刀具半径补偿指令）。

（2）指令说明

1）刀具半径补偿通过准备功能指令G41/G42建立。刀具半径补偿建立后，刀具中心在偏离编程工件轮廓一个半径的等距线轨迹上运动。

2）沿刀具运动方向看，刀具在工件左侧时，称为刀具半径左补偿，如图3-5a所示；刀具在工件右侧时，称为刀具半径右补偿，如图3-5b所示。编程时，刀尖圆弧半径补偿偏置方向的判断如图3-5所示。

3. 刀具半径补偿的过程

刀具半径补偿的过程分为三步。

1）刀补的建立。刀具中心从编程轨迹重合过渡到与编程轨迹偏离一个偏移量的过程。

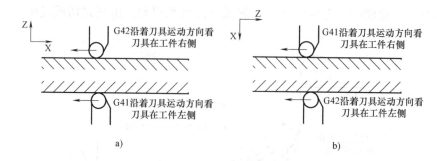

a)   b)

图 3-5 刀尖圆弧半径补偿偏置方向的判断

a）刀具半径左补偿 b）刀具半径右补偿

2）刀补的进行。执行 G41 或 G42 指令的程序段后，刀具中心始终与编程轨迹相距一个偏移量。

3）刀补的取消。刀具离开工件，刀具中心轨迹过渡到与编程轨迹重合的过程。

4. 刀尖方位的确定

执行刀尖半径补偿功能时，除了与刀具刀尖半径大小有关外，还和刀尖的方位有关。不同的刀具，刀尖圆弧的位置不同，刀具自动偏离零件轮廓的方向就不同，如图 3-6 所示。

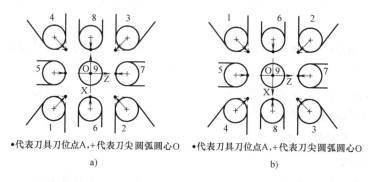

·代表刀具刀位点 A，+代表刀尖圆弧圆心 O   ·代表刀具刀位点 A，+代表刀尖圆弧圆心 O

a)   b)

图 3-6 刀尖方位号

a）后置刀架 b）前置刀架

5. 使用刀尖圆弧半径补偿时的注意事项

1）G41、G42、G40 指令不能与圆弧切削指令写在同一个程序段内，可与 G01、G00 指令在同程序段出现，即它是通过直线运动来建立或取消刀具补偿的。

2）在调用新刀具前或要更换刀具补偿方向时，必须取消刀具补偿。目的是为了避免产生加工误差或刀具干涉。

3）刀尖半径补偿取消在 G41 或 G42 程序后面，加 G40 程序段，便使刀尖半径补偿取消，其格式为

G41（或 G42）

⋮

G40

程序的最后必须以取消偏置状态结束，否则刀具不能在终点定位，而是停在与终点位

置偏移一个矢量刀尖圆弧半径的位置上。

4）G41、G42、G40 是模态代码。

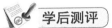 学后测评

一、填空题

1. 数控车床的刀具补偿功能分为_____补偿和_____补偿。

2. 当加工_____、_____等非坐标方向轮廓时，刀尖圆弧将引起尺寸或形状误差。

3. 刀具半径补偿一般必须通过准备功能指令_____建立，刀具半径补偿建立后，刀具中心在偏离编程工件轮廓一个的等距线轨迹上运动。

4. 沿刀具运动方向看，刀具在工件左侧时，称为刀具半径_____补偿，用_____指令表示；刀具在工件右侧时，称为刀具半径_____补偿，用_____指令表示；取消刀具半径补偿用_____指令表示。

5. 刀具半径补偿的过程分为三步，即刀补的_____、刀补的进行和刀补的取消。

6. 执行刀尖半径补偿功能时，除了与刀具刀尖半径大小有关外，还与刀尖的_____有关。

二、判断题

1. 当加工曲线轮廓时，对于有刀具半径补偿的数控系统，可不必求出刀具中心的运动轨迹，只需按被加工的轮廓曲线编程。 （　　）

2. 使用半径补偿时，编程按工件实际尺寸加上刀具半径来计算。 （　　）

3. 取消刀具半径补偿的指令为 G40。 （　　）

4. 刀具半径补偿程序段内必须有 G00 或 G01 功能才有效。 （　　）

5. 数控补偿中，刀具半径不能给错，不然会产生过切。 （　　）

6. G41、G42、G40 为模态指令，均有自保持功能，机床的初始状态为 G40。 （　　）

三、选择题

1. 根据 ISO 标准，当工具中心运动轨迹在程序轨迹前进的方向左边时称为左刀具补偿，用_____指令表示。 （　　）

 A. G41   B. G42   C. G43   D. G40

2. 刀具补偿是实际用的刀具与_____刀具之间的差值。 （　　）

 A. 初始   B. 编程的理想   C. 未磨损前的   D. 磨损后的

3. 在数控车床加工时，刀尖圆弧在加工时_____会产生加工误差。 （　　）

 A. 端面   B. 外圆柱面   C. 锥面和圆弧   D. 内圆柱面

4. 数控车削刀具半径补偿时，需输入刀具_____值。 （　　）

 A. 刀尖的半径   B. 刀尖的直径

 C. 刀尖的半径和刀尖的方位号   D. 刀具的长度

任务二　车削圆锥

 知识目标

1. 掌握数控车床上圆锥加工的基本方法。
2. 掌握锥度的计算方法。

 技能目标

1. 学会用 G01 指令编写锥度零件程序。
2. 能完成锥度零件的加工，并能正确测量锥度尺寸。

 **任务引入**

完成图 3-7 所示圆锥零件数控加工程序的编制，毛坯尺寸为 $\phi 30\text{mm} \times 47\text{mm}$，材料为 45 钢。该零件要加工 $\phi 28\text{mm}$ 外圆、锥体、端面和 C2 倒角及控制总长 $45 \pm 0.05\text{mm}$。

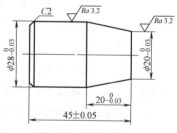

图 3-7　圆锥零件

 知识链接

一、制订加工工艺

1. 零件图样工艺分析

本任务中零件需要加工两端面及车削 $\phi 28_{-0.03}^{\ 0}\text{mm}$ 外圆、锥面、倒角 C2，同时还需要控制锥面长度 $20_{-0.03}^{\ 0}\text{mm}$ 和总长 $45 \pm 0.05\text{mm}$。零件材料为 45 钢，规格为 $\phi 30\text{mm} \times 45\text{mm}$ 棒料，无热处理和硬度要求。

2. 设备的选用

根据零件的图样要求结合学校设备情况，选用 GSK980TDb 和 HNC-21 系统 CAK6136 型卧式经济型数控车床。

3. 刀具的选择

1）45°端面车刀，用于车削工件的端面。

2）90°外圆车刀，用于粗车和精车工件的外圆。

4. 切削参数的确定

1）车削端面时，$n = 800\text{r/min}$，用手轮控制进给量。

2）粗车外圆时，$a_\text{p} = 1\text{mm}$（单边），$n = 800\text{r/min}$，$v_\text{f} = 100\text{mm/min}$。

3）精车外圆时，$a_p = 0.5mm$，$n = 1200r/min$，$v_f = 80mm/min$。

5. 加工路线及加工工艺

根据零件图样的要求及毛坯的情况，确定工艺方案及加工路线工艺方案如下。

（1）工艺方案 用自定心卡盘夹持 $\phi 30mm$ 外圆，使工件伸出卡盘约 28mm，一次安装完成 $\phi 28mm$ 外圆的车削，并倒角 C2。掉头装夹 $\phi 28mm$ 外圆，加工外锥面。

（2）加工路线

1）用 45°端面车刀车削工件端面（车平即可）。

2）用 90°外圆车刀粗车 $\phi 28mm$ 外圆，留 0.5mm 精车余量。

3）精车 $\phi 28mm$ 外圆并控制到公差尺寸范围内。

4）倒角 C2。

5）掉头加工左端面，保证总长 45mm。

6）粗车右端圆锥面，留 0.5mm 精车余量。

7）精车右端圆锥面并控制到公差尺寸范围内。

二、填写数控加工工艺卡片

综合前面分析的各项内容，并将其填写在表 3-1 的数控加工工艺卡片中。此卡片是编

表 3-1 数控加工工艺卡片

单位名称						产品型号			
						产品名称			
零件号		材料型号	45 钢	毛坯		种类	棒料	设备型号	
每台件数	1 件					规格尺寸	$\phi 30mm \times 47mm$		
工序号	工序名称	工步号	工序工步内容	切削参数			工艺装备		
				$n/(r/min)$	a_p/mm	$v_f/(mm/min)$	夹具	刀具	量具
1	备料		备料 $\phi 30mm \times 47mm$				自定心卡盘		
2	车	1	车工件端面	800		手轮控制	自定心卡盘	45°端面车刀	
		2	粗车 $\phi 28mm$ 外圆	800	1（单边）	100	自定心卡盘	90°外圆车刀	游标卡尺
		3	精车 $\phi 28mm$ 外圆	1200	0.5	80	自定心卡盘	90°外圆车刀	千分尺
		4	车工件右端面并保证总长 45mm	800		手轮控制	自定心卡盘	45°端面车刀	游标卡尺
		5	粗车圆锥面	800	1（单边）	100	自定心卡盘	90°外圆车刀	游标卡尺
		6	精车圆锥面	1200	0.5	80		90°外圆车刀	千分尺

制数控加工程序的主要依据，也是操作人员编写数控加工程序及加工零件的指导性文件，主要内容包括工步、工步内容、各工步所用的刀具及切削用量。

三、 编写加工程序（以 GSK980TDb 为例）

1. 左端加工程序（以左端面为编程原点）

O3001	//程序号
N10　M03　S800；	//主轴正转，转速为 800r/min
N20　T0101；	//选 1 号刀，执行 1 号刀刀补
N30　G00　X28.5　Z2；	//快速接近工件
N40　G01　Z-27　F100；	//粗车外圆
N50　G00　X30　Z2；	//X、Z 向退刀
N60　G01　X24　Z0　F100；	//定位到倒角起点
N70　　X28　Z-2；	//倒角 C2
N80　G01　Z-27　F80；	//精车外圆　（提高主轴修调倍率值）
N90　G00　X50　Z100；	//快速退刀到安全点
N100　M30；	//程序结束

2. 右端加工程序（以右端面为编程原点）

O3002	//程序号
N10　M03　S800；	//主轴正转，转速为 800r/min
N20　T0101；	//选 1 号刀，执行 1 号刀刀补
N30　G00　X28　Z2；	//快速接近工件
N40　G01　Z-20　F100；	//粗车外圆，背吃刀量 $a_p = 1mm$
N50　G00　X30　Z2；	//X、Z 向退刀
N60　　X26；	//X 向进刀，背吃刀量 $a_p = 1mm$
N70　G01　X28　Z-20　F100；	//第一次粗车锥度，Z 向留 1mm 精车余量
N80　G00　Z2；	//Z 向退刀（由于是正锥 X 向可不退刀）
N90　　X24；	//X 向进刀，背吃刀量 $a_p = 1mm$
N100　G01　X28　Z-20　F100；	//第二次粗车锥度，Z 向留 1mm 精车余量
N110　G00　Z2；	//Z 向退刀（由于是正锥 X 向可不退刀）
N120　　X22；	//X 向进刀，背吃刀量 $a_p = 1mm$
N130　G01　X28　Z-20　F100；	//第三次粗车锥度，Z 向留 1mm 精车余量
N140　G00　Z2；	//Z 向退刀（由于是正锥 X 向可不退刀）
N150　　X20.5；	//X 向进刀，背吃刀量 $a_p = 0.75mm$（X 向留 0.5mm 精车余量）
N160　G01　X28　Z-20　F100；	//第四次粗车锥度，Z 向留 1mm 精车余量
N170　G01　Z0；	//Z 向退刀（由于是正锥 X 向可不退刀）
N180　G01　G42　X20　F100；	//X 向进刀

N190	G01	X28	Z-20；	//精车锥度到尺寸
N200	G00	G40	X50 Z100；	//快速退刀至安全位置
N210	M30；			//程序结束

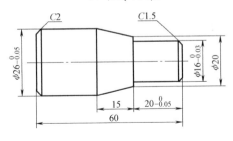

图3-8 带有外圆锥的轴

编写图3-8所示带有外圆锥的轴的数控加工工艺，填写其数控加工工艺卡片，并编制其数控加工程序，毛坯尺寸为$\phi30mm \times 62mm$，材料为45钢。

任务实施

编写图3-9所示轴的数控加工工艺，填写其数控加工工艺卡片，编制其数控加工程序，最后加工出合格的工件，毛坯尺寸为$\phi30mm \times 62mm$，材料为45钢。

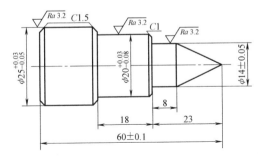

技术要求
1. 锐边倒角C0.3。
2. 未注公差尺寸按GB/T 1804—f。

图3-9 轴

项目四　　沟槽类零件的车削

任务一　槽类零件的基础知识

知识目标

1. 了解 G04 指令的含义、格式及应用。
2. 掌握外沟槽编程指令的应用。

技能目标

1. 学会车槽刀的对刀操作。
2. 能够加工窄槽和宽槽零件。

任务引入

编制图 4-1 所示槽类零件的数控加工程序。毛坯尺寸为 $\phi30\mathrm{mm} \times 42\mathrm{mm}$，材料为 45 钢，单件加工。该零件要加工两端面及端面处 $C1$ 倒角、两处 $\phi28_{-0.03}^{0}\mathrm{mm}$ 外圆和槽。可用 G00、G01、G04 指令来编写程序。

 **知识链接**

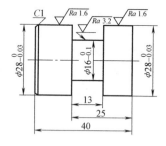

图 4-1　槽类零件

一、进给暂停指令 G04（非模态指令）

1. 指令格式

G04 X ___；

G04 U ___；

G04 P ___；

2. 指令说明

1）G04 指令为非模态指令，该指令使刀具作短时间的无进给（主轴不停转）光整加工，然后退刀，可获得平整而光滑的表面，适用于车槽、镗孔及锪孔等场合。

2）暂停时间由 X、U、P 后面的数据指定。X、U 后可带小数点的数，单位是 s；P 后面的数据不允许用小数点，单位是 ms。

二、车槽刀的对刀方法

1. X 方向对刀

在手动方式下，主轴正转，车槽刀车削外圆表面（或靠外面表面），X 方向不动，沿 Z 方向退刀，测量直径。按［刀补］键，进入刀具偏置界面，把光标移动到相应的刀位（如 2 号刀位）输入 X 及测量的直径值，按［输入］键，完成 X 方向对刀。

2. Z 方向对刀

在手动方式下，主轴正转，车槽刀慢速靠近工件右端面。当左刀尖车削至右端面有少量切屑飞出时，车槽刀 Z 方向不动，沿 X 方向退刀。按［刀补］键，进入刀具偏置界面，把光标移动到相应刀位（如 2 号刀位），输入 Z0 按［输入］键，完成车槽刀以左刀尖为刀位点的 Z 方向对刀。

3. 程序校验与零件加工

将程序输入车床系统，校验无误后方可开始加工。

三、直槽加工工艺

1. 外圆槽加工方法

1）车削精度要求不高的窄槽时，可选用刀宽等于槽宽的车槽刀，用直进法一次车出。车削精度要求较高的槽时，车槽至尺寸后，可使刀具在槽底暂停几秒钟，光整槽底。图 4-2 所示为切槽加工轨迹。

2）车削较宽的外圆槽时，可采用多次直进法切削，每次车削轨迹在宽度上略有重叠，并在槽壁和槽的外径留出余量，最后精车槽侧和槽底，如图 4-3 所示。

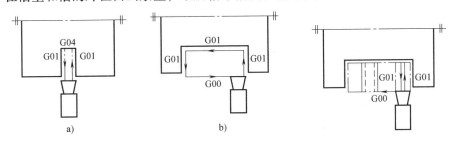

图 4-2 切槽的加工轨迹
a）车槽加工路线 b）精加工路线

图 4-3 宽槽的加工

2. 刀具选择及刀位点确定

选用车槽刀时，要正确选择车槽刀刀宽和刀头长度，以免在车削中引起振动等问题。具体可根据以下经验公式计算，即

刀头宽度：
$$a \approx (0.5 \sim 0.6)\sqrt{d}\ (d\ 为工件直径)$$

刀头长度： $L = h + (2 \sim 3 \, \text{mm}) \, (h$ 为切入深度$)$

车槽刀有左右两个刀尖及切削刃中心处的三个刀位点，在编程时选用其中一个为刀位点。

3. 车槽加工中的注意事项

1）整个车槽加工的程序中应采用同一个刀位点。

2）注意合理安排车槽进退刀路线，避免刀具与零件相撞。进刀时先 Z 方向进刀再 X 方向进刀，退刀时先 X 方向退刀再 Z 方向退刀。

3）车槽时，切削刃宽度、切削速度和进给量都不宜选太大，以免引起振动，影响加工质量。

四、V 形槽加工工艺

1. V 形槽的有关计算

如图 4-4 所示，加工 V 形槽需先加工 4mm 槽的直槽，然后加工两边的斜槽。加工两边的斜槽关键是要知道点 B 和点 D 的坐标。只要知道 AB 的长度，就能算出点 B 的坐标。点 D 的坐标计算方法同点 B 一样，计算方法如下。

$$AB = \frac{24\,\text{mm} - 16\,\text{mm}}{2} \tan 30° = 2.31\,\text{mm}$$

得到点 B 的 Z 坐标为 $-6\,\text{mm} + (-2.31\,\text{mm}) = -8.31\,\text{mm}$，X 坐标为 24mm。

故点 B 的坐标为（24，−8.31），同理得到点 D 的坐标为（24，−14.62）。

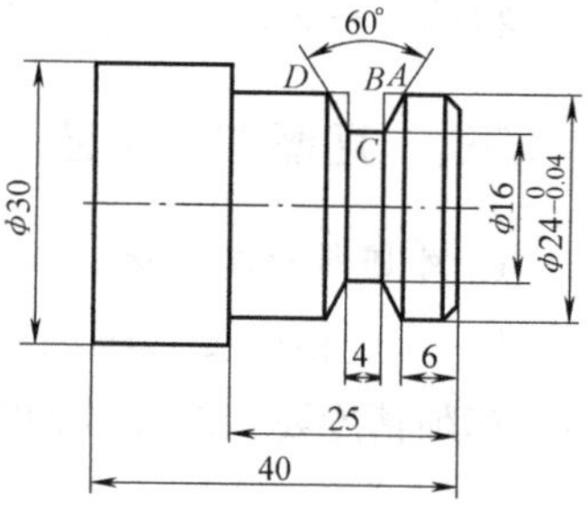

2. V 形槽的加工方法

图 4-5 所示 V 形槽的加工方法，在加工 V 形槽时应先车削直槽，再车削锥度。在车槽过程中应注意加上刀具的宽度。

图 4-4　V 形槽零件的计算

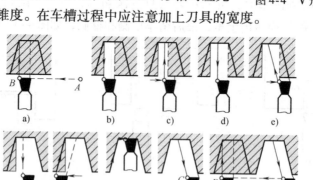

图 4-5　V 形槽的加工方法

a)、c) 直进法　b)、d) 直退法　e) 斜切右边锥度　f)、i) 退刀　g) 斜切左边锥度

h) 精加工底部　j) 全过程

学后测评

编写图4-6所示轴的数控加工工艺，填写其数控加工工艺卡片，并编制其数控加工程序，毛坯尺寸为$\phi 40mm \times 62mm$，材料为45钢。

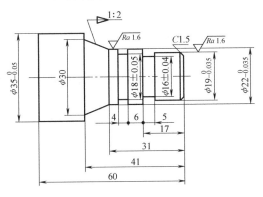

图4-6　轴

任务二　车削槽类零件

知识目标

1. 巩固G04指令的应用。
2. 掌握直槽、V形槽加工的编程方法。

技能目标

1. 巩固车槽刀的对刀操作。
2. 学会加工直槽、V形槽零件。

任务引入

编制图4-7所示槽类零件的数控加工程序，毛坯尺寸为$\phi 30mm \times 62mm$，材料为45钢，单件加工。该零件要加工两端面及端面处$C1$倒角，$\phi 28_{-0.03}^{0}mm$和$\phi 16_{-0.03}^{0}mm$外圆，以及$5mm \times 4mm$和$\phi 16_{-0.1}^{0}mm$槽。可用G00、G01、G04指令来编写程序。

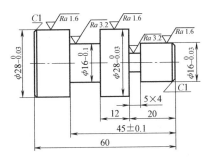

图4-7　槽类零件

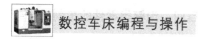

任务实施

一、 制订加工工艺

1. 零件图工艺分析

本任务中零件需要加工两端面及 $\phi 28_{-0.03}^{0}$ mm 和 $\phi 16_{-0.03}^{0}$ mm 外圆，车槽 $\phi 16_{-0.1}^{0}$ mm 和 5mm×4mm，两处倒角 $C1$，同时还需要控制长度 20mm、12mm、45±0.1mm 和总长 60mm。材料为 45 钢，毛坯尺寸为 $\phi 30$ mm×62mm，无热处理和硬度要求。

2. 设备的选用

根据零件的图样要求并结合学校设备情况，选用 GSK980TDb 和 HNC-21 系统 CAK6136 型卧式经济型数控车床。

3. 刀具的选择

1）45°端面车刀，用于车削工件的端面。

2）90°外圆车刀，用于粗车和精车工件的外圆。

3）4mm 刀宽车槽刀，用于车削两个外沟槽。

4. 切削参数的确定

1）车削端面时，$n=800$r/min，用手轮控制进给量。

2）粗车外圆时，$a_p=1$mm（单边），$n=800$r/min，$v_f=100$mm/min。

3）精车外圆时，$a_p=0.5$mm，$n=1200$r/min，$v_f=80$mm/min。

4）车槽时，$n=350$r/min，$v_f=40$mm/min。

5. 工艺方案及加工工艺

根据零件图样要求、毛坯情况，确定工艺方案及加工路线如下。

（1）工艺方案　装夹工件约 18mm 长，车端面（端面车平即可），粗精车左端 $\phi 28_{-0.03}^{0}$ mm 外圆，倒角 $C1$。车 $\phi 16_{-0.1}^{0}$ mm 宽槽。掉头装夹，车端面，保证总长。粗、精车右端外圆 $\phi 16_{-0.03}^{0}$ mm，车 5mm×4mm 槽。

（2）加工路线

1）用 45°端面车刀车削工件端面（车平即可）。

2）用 90°外圆车刀粗车 $\phi 28$mm 外圆，留 0.5mm 精车余量，保证工件伸出部分 42mm。

3）精车 $\phi 28$mm 外圆并控制到公差尺寸范围内。

4）车槽 $\phi 16_{-0.1}^{0}$ mm。

5）倒角 $C1$。

6）掉头加工左端面，保证总长 60mm。

7）粗车右端外圆 $\phi 16_{-0.03}^{0}$ mm，留 0.5mm 精车余量，保证总长 20mm。

8）精车右端外圆并控制到公差尺寸范围内。

9）车槽 5mm×4mm。

10）倒角 $C1$。

二、 填写数控加工工艺卡片

综合前面分析的各项内容，并将其填在表4-1的数控加工工艺卡片中。此卡片是编制加工程序的主要依据，也是操作人员编写加工程序及加工零件的指导性文件，主要内容包括工步、工步内容、各工步所用的刀具及切削用量。

表4-1　数控加工工艺卡片

单位名称						产品型号		
						产品名称		
零件号			材料型号	45钢	毛坯	种类	棒料	设备型号
每台件数						规格尺寸	$\phi30mm \times 62mm$	
工序号	工序名称	工步号	工序工步内容	切削参数			工艺装备		
				$n/(r/min)$	a_p/mm	v_f（mm/min）	夹具	刀具	量具
1	备料		备料 $\phi30mm \times 65mm$				自定心卡盘		
2	车	1	车工件端面	800		手轮控制	自定心卡盘	45°端面车刀	
		2	粗车$\phi28mm$外圆	800	1（单边）	100	自定心卡盘	90°外圆车刀	游标卡尺
		3	精车$\phi28mm$外圆	1200	0.5	80	自定心卡盘	90°外圆车刀	千分尺
		4	倒角$C1$				自定心卡盘	90°外圆车刀	目测
		5	车左端槽$\phi16mm$	350		40	自定心卡盘	车槽刀	游标卡尺
		6	车工件右端面并保证总长60mm	800		手轮控制	自定心卡盘	45°端面车刀	游标卡尺
		7	粗车$\phi16mm$外圆	800	1（单边）	100	自定心卡盘	90°外圆车刀	游标卡尺
		8	精车$\phi16mm$外圆	1200	0.5	80	自定心卡盘	90°外圆车刀	千分尺
		9	倒角$C1$	1200		80	自定心卡盘	90°外圆车刀	目测
		10	车槽$5mm \times 4mm$	350		40	自定心卡盘	90°外圆车刀	游标卡尺

三、 编写加工程序 （以 GSK980TDb 为例）

1. 左端外圆加工程序（以左端面为编程原点）

O4001	//程序号（HNC-21T 程序号为％401）
N10 M03 S800;	//主轴正转，转速为 800r/min
N20 T0101;	//选 1 号刀，执行 1 号刀刀补
N30 G00 X28.5 Z2;	//快速接近工件
N40 G01 Z-42 F100;	//粗车外圆
N50 G00 X30 Z2;	//X、Z 向退刀
N60 G01 X26 Z0 F100;	//定位到倒角起点
N70 X28 Z-2;	//倒角 C2
N80 G01 Z-42 F80;	//精车外圆 （提高主轴修调倍率值）
N90 G00 X50 Z100;	//快速退刀到安全点
N100 M30;	//程序结束

2. 左端外沟槽加工程序（以左端面为编程原点）

O4002	//程序号（HNC-21T 程序号为％402）
N10 M03 S350;	//主轴正转，转速为 350r/min
N20 T0202;	//选 2 号刀，执行 2 号刀刀补
N30 G00 X30 Z1;	//快速接近工件
N40 Z-28;	//快速定位
N40 G01 X16.3 F40;	//第一次粗车外沟槽，留 0.3mm 精车余量
N50 G00 X30;	//快速退刀
N60 Z-24.3;	//快速定位
N70 G01 X16.3 F40;	//第二次粗车外沟槽，留 0.3mm 精车余量
N80 G00 X30;	//快速退刀
N90 Z-20.6;	//快速定位
N100 G01 X16.3 F40;	//第三次粗车外沟槽，留 0.3mm 精车余量
N110 G00 X30;	//快速退刀
N120 Z-19;	//快速定位
N130 G01 X16 F40;	//第四次粗车外沟槽，
N140 Z-28;	//精车外沟槽至尺寸
N150 G00 X50;	//快速退刀
N160 Z100;	//快速退刀
N170 M30;	//程序结束

3. 右端外圆加工程序（以右端面为编程原点）

O4003	//程序号（HNC-21T 程序号为％403）
N10 M03 S800;	//主轴正转，转速为 800r/min

N20	T0101；	//选 1 号刀，执行 1 号刀刀补
N30	G00　X28　Z2；	//快速接近工件
N40	G01　Z-20　F100；	//第一次粗车外圆，$a_p = 1mm$
N40	G00　X30　Z2；	//快速退刀
N50	X26；	//快速定位
N60	G01　Z-20　F100；	//第二次粗车外圆，$a_p = 1mm$
N70	G00　X28　Z2；	//快速退刀
N80	X24；	//快速定位
N90	G01　Z-20　F100；	//第三次粗车外圆，$a_p = 1mm$
N100	G00　X26　Z2；	//快速退刀
N110	X22；	//快速定位
N120	G01　Z-20　F100；	//第四次粗车外圆，$a_p = 1mm$
N130	G00　X24　Z2；	//快速退刀
N140	X20；	//快速定位
N150	G01　Z-20　F100；	//第五次粗车外圆，$a_p = 1mm$
N160	G00　X22　Z2；	//快速退刀
N170	X18；	//快速定位
N180	G01　Z-20　F100；	//第六次粗车外圆，$a_p = 1mm$
N190	G00　X20　Z2；	//快速退刀
N200	X16.5；	//快速定位
N210	G01　Z-20　F100；	//第七次粗车外圆，$a_p = 1mm$
N220	G00　X18　Z2；	//快速退刀
N230	X14；	//X 向定位
N240	G01　Z0；	//Z 向定位
N250	X16　Z-1；	//倒角 C1
N260	Z-20　F80；	//精车外圆（提高主轴修调倍率值，调整转速到 1200r/min）
N270	G00　X50　Z100；	//快速退刀
N280	M30；	//程序结束

4. 右端外沟槽加工程序（以右端面为编程原点）

O4004；	//程序号（HNC-21T 程序号为％404）
N10　M03　S350；	//主轴正转，转速为 350r/min
N20　T0202；	//选 2 号刀，执行 2 号刀刀补
N30　G00　X18；	//X 向定位
N40　Z-20；	//Z 向定位
N50　G01　X8.3　F40；	//第一次粗车外沟槽，留 0.3mm 精车余量
N60　G00　X18；	//快速退刀

N70　Z-19；　　　　　　　　//快速定位

N80　G01　X8　F40；　　　//第二次粗车外沟槽，并车至尺寸

N90　Z-20；　　　　　　　 //精车外沟槽至尺寸

N100　G00　X50；　　　　 //X向快速退刀

N110　Z100；　　　　　　 //Z向快速退刀

N120　M30；　　　　　　　//程序结束

注意：加工外沟槽退刀时必须先X方向退刀，然后Z方向退刀，不能X、Z两个方向同时退刀或先退Z方向后退X方向。

 **学后测评**

编写图4-8所示槽类零件的数控加工工艺，填写其数控加工工艺卡片，并编制其数控加工程序，毛坯尺寸为 $\phi30mm \times 53mm$ ，材料为45钢。

任务实施

编写图4-9所示槽类零件的数控加工工艺，填写其数控加工工艺卡片，编制其数控加工程序，并完成该零件的加工，毛坯尺寸为 $\phi30mm \times 63mm$ ，材料为45钢。

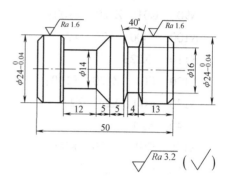

图4-8　槽类零件（一）

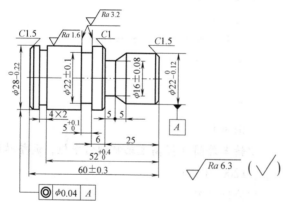

图4-9　槽类零件（二）

技术要求

1. 锐边倒角C0.3。
2. 未注公差尺寸按GB/T 1804—f。

项目五　圆弧面的车削

任务一　圆弧车削的基础知识

 知识目标

1. 了解圆弧加工工艺路线。
2. 掌握 G02、G03 指令格式及其应用。

 技能目标

1. 学会倒圆角的数控程序编制及加工方法。
2. 学会圆弧零件加工的数控程序编制方法及加工方法。

 任务引入

编制图 5-1 所示圆弧零件的数控加工程序，毛坯尺寸为 φ30mm × 47mm，材料为 45 钢。该零件既有圆弧外形，又有阶梯轴仅用 G01 指令无法满足加工要求，因此需要运用圆弧插补指令 G02、G03，才能完成程序的编写。

知识链接

一、圆弧插补指令 G02/G03

圆弧插补指令使刀具相对工件以指定的速度从当前点（起始点）向终点进行圆弧插补。

1. 指令格式

$$\left.\begin{matrix} G02 \\ G03 \end{matrix}\right\} X(U)\underline{\quad} Z(W)\underline{\quad} \left.\begin{matrix} I\underline{\quad} K\underline{\quad} \\ R\underline{\quad} \end{matrix}\right\} F\underline{\quad};$$

指令格式中各程序字的含义见表 5-1。

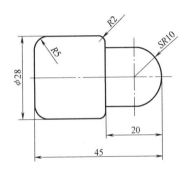

图 5-1　圆弧零件

表5-1　圆弧插补指令各程序字的含义

程　序　字	指定内容	含　　义
G02	走刀方向	顺时针方向圆弧插补，如图5-2a所示
G03		逆时针方向圆弧插补，如图5-2b所示
X ＿　Z ＿	终点坐标	圆弧终点的绝对坐标值
U ＿　W ＿		圆弧终点相对于圆弧起点的增量坐标值
I ＿　K ＿	圆心坐标	圆心在X、Z轴方向上相对于圆弧起点的增量坐标值
R ＿	圆弧半径	圆弧半径
F ＿	进给速度	沿圆弧的进给速度

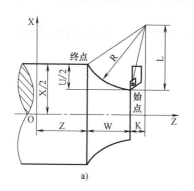
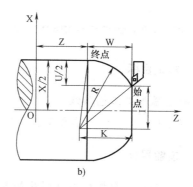

a)　　　　　　　　　　　　　　b)

图5-2　圆弧插补指令

a）顺时针方向圆弧插补　b）逆时针方向圆弧插补

2. 指令说明

（1）顺时针圆弧插补方向与逆时针圆弧插补方向的判别　在使用圆弧插补指令时，需要判断刀具是沿顺时针方向还是逆时针方向加工零件的。判别方法是：从圆弧所在平面（数控车床为XZ平面）的另一个轴（数控车床为Y轴）的正方向看该圆弧，顺时针方向为G02，逆时针方向为G03。在判别圆弧的顺逆方向时，一定要注意刀架的位置及Y轴的方向，如图5-3所示。

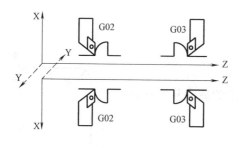

图5-3　顺时针圆弧插补方向与逆时针
圆弧插补方向的判别

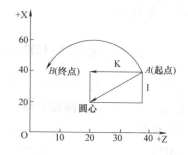

图5-4　圆心坐标I、K值的确定

（2）圆心坐标的确定　圆心坐标 I、K 轴向上的投影如图 5-4 所示。I、K 为增量值，带有正负号，且 I 值为半径值。I、K 的正负取决于该矢量方向与坐标轴方向的异同，相同的为正，相反的为负。若已知圆心坐标和圆弧起点坐标，则 I ＝ X（圆心）－ X（起点）（半径差），K ＝ Z（圆心）－ Z（起点）。图 5-4 中 I 值为 － 10，K 值为 － 20。

（3）圆弧半径的确定　圆弧半径 R 有正值与负值之分。当圆弧所对的圆心角小于或等于 180°时，R 取正值；当圆弧所对的圆心角大于 180°并小于 360°时，R 取负值，如图 5-5 所示。通常情况下，数控车床上所加工圆弧的圆心角小于 180°。

3. **实例**

编制图 5-6 所示圆弧的精加工程序。$A_1 \rightarrow A_2$ 圆弧加工程序见表 5-2。

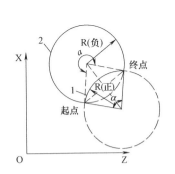

图 5-5　圆弧半径 R 正负的确定

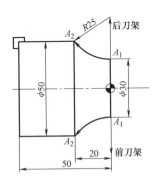

图 5-6　圆弧编程实例

表 5-2　$A_1 \rightarrow A_2$ 圆弧加工程序

刀架形式	编程方式	指定圆心 I、K	指定半径 R
后刀架	绝对值编程	G02　X50　Z-20　I25　K0　F100；	G02　X50　Z-20　R25　F100；
	增量值编程	G02　U50　W-20　I25　K0　F100；	G02　U50　W-20　R25　F100；
前刀架	绝对值编程	G02　X50Z-20　I25　K0　F100；	G02　X50Z-20　R25　F100；
	增量值编程	G02　U50　W-20　I25　K0　F100；	G02　U50　W-20　R25　F100；

二、　圆弧车削的走刀路线

1. **锥度法**

根据加工余量，采用圆锥分层切削的办法将加工余量去除后，再进行圆弧精加工，如图 5-7a 所示。采用这种加工路线时，加工效率高，但计算麻烦。

2. **移圆法**

根据加工余量，采用相同的圆弧半径，渐进地向机床的某一轴方向移动，最终将圆弧加工出来，如图 5-7b 所示。采用这种加工路线时，编程简单，但处理不当会出现较多的空行程。

3. 同心圆法

在圆心不变的基础上，根据加工余量，采用大小不等的圆弧半径，最终将圆弧加工出来，如图5-7c所示。

4. 台阶车削法

先根据圆弧面加工出多个台阶，再车削圆弧轮廓，如图5-7d所示。这种加工方法在复合固定循环中被广泛应用。

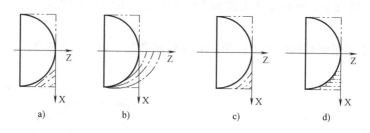

图5-7　圆弧车削加工路线

a）锥度法　b）移圆法　c）同心圆法　d）台阶车削法

学后测评

一、填空题

1. _____为顺时针圆弧插补指令，_____为逆时针圆弧插补指令。

2. G02/G03指令格式中的X（U）、Z（W）为_____坐标，I、K为_____坐标。

3. 圆心坐标I、K值为圆弧_____到圆弧_____的矢量在X、Z轴向上的投影。

4. 圆弧半径R有正值与负值之分。当圆弧所对的圆心角_____时，R取正值；当圆弧所对的圆心角_____时，R取负值。

二、判断题

1. G02与G03的主要差别在于前者为切削凹圆弧，后者为切削凸圆弧。　　　　（　　）

2. 当用G02/G03指令，对被加工零件进行圆弧编程时，圆心坐标I、K为圆弧终点到圆弧中心所作矢量分别在X、Z坐标轴方向上的分矢量（矢量方向指向圆心）。　　（　　）

3. 圆弧插补指令（G02、G03）中，I、K地址的值无方向，用绝对值表示。（　　）

三、选择题

1. 圆弧加工指令G02/G03中，I、K值用于指令是_____。　　　　　　（　　）

A. 圆弧终点坐标　　　　　　　B. 圆弧起点坐标

C. 圆心的位置　　　　　　　　D. 起点相对于圆心位置

2. 准备功能G02代码的功能是_____。　　　　　　　　　　　　（　　）

A. 快速点定位　　　　　　　　B. 逆时针方向圆弧插补

C. 顺时针方向圆弧插补　　　　D. 直线插补

3. "G02 X20.0 Y20.0 R-10.0 F100"所加工的一般是_____。

A. 整圆 B. 0 <夹角≤180°

C. 180° <夹角<360°的圆弧 D. 不确定

4. 判断数控车床圆弧插补的顺逆时，观察者沿圆弧所在平面的垂直坐标轴（Y轴）的负方向看去，顺时针方向为G02，逆时针方向为G03。通常，圆弧的顺逆方向判别与车床刀架位置有关，如图5-8所示，下列说法中正确的是_____。 （ ）

A. 图5-8a 表示刀架在机床前面时的情况

B. 图5-8b 表示刀架在机床后面时的情况

C. 图5-8b 表示刀架在机床前面时的情况

D. 以上说法均不正确

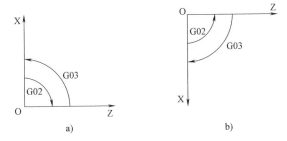

图5-8 圆弧的顺逆方向与刀架位置的关系

四、简答题

简述加工圆弧常用的走刀路线。

任务二 车削圆弧

 知识目标

1. 掌握顺时针方向圆弧插补指令G02与逆时针方向圆弧插补指令G03的编程方法。

2. 掌握手工编程中坐标点的计算。

技能目标

1. 熟练掌握圆弧的加工方法。

2. 能够用R规检测圆弧，能用游标万能角度尺检测锥度。

任务引入

编制图5-9所示球头手柄的数控加工程序，毛坯尺寸为$\phi35mm \times 63mm$，材料为45钢，单件加工。该零件外形简单，只需加工端面和外圆。

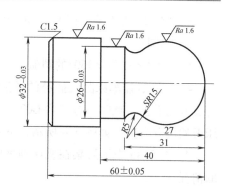

图 5-9　球头手柄

一、　制订加工工艺路线

1. 图样分析

本任务中零件需要加工 $SR15\text{mm}$ 和 $R5\text{mm}$ 圆弧、$\phi32\text{mm}$ 和 $\phi26\text{mm}$ 外圆、一个端面，并保证总长 $60\pm0.05\text{mm}$，无热处理要求。

2. 设备的选用

根据零件的图样要求并结合学校设备情况，可选用 GS980TDb、华中 21 系统 CAK6136 型卧式经济型数控车床。

3. 刀具的选择

1）45°端面车刀，用于车削工件的端面。

2）35°尖刀，用于车削工件的圆弧。

3）90°外圆车刀，用于粗车和精车工件的外圆台阶。

4. 切削参数的确定

1）车削端面时，$n=800\text{r/min}$，用手轮控制进给量。

2）粗车外圆时，$a_p=1\text{mm}$（单边），$n=800\text{r/min}$，$v_f=100\text{mm/min}$。

3）精车外圆时，$a_p=0.5\text{mm}$，$n=1200\text{r/min}$，$v_f=80\text{mm/min}$。

4）粗车圆弧时，$a_p=1\text{mm}$（单边），$n=800\text{r/min}$，$v_f=80\text{mm/min}$。

5）精车圆弧时，$a_p=0.5\text{mm}$，$n=1000\text{r/min}$，$v_f=60\text{mm/min}$。

5. 工艺方案及加工路线

根据零件图样要求、毛坯情况，确定工艺方案及加工路线如下。

（1）工艺方案　用自定心卡盘夹持 $\phi35\text{mm}$ 外圆，使工件伸出卡盘约 25mm，先车削 $\phi32\text{mm}$ 外圆，倒角 $C1.5$。掉头装夹 $\phi32\text{mm}$ 外圆，车削工件右端面，后车削 $SR15\text{mm}$ 和 $R5\text{mm}$ 圆弧，以及 $\phi26\text{mm}$ 外圆。

（2）加工路线如下

1）用 45°端面车刀车削工件左端面。

2）用 90°外圆车刀粗车 $\phi32\text{mm}$ 外圆，倒角 $C1.5$，留 0.5mm 精车余量。

3）用 90°外圆车刀精车 $\phi32\text{mm}$ 外圆，倒角 $C1.5$，并控制到公差范围内。

4）掉头夹 $\phi32\text{mm}$ 外圆，车削工件右端面并保证 60mm 总长。

5）用 35°尖刀粗车 $SR15\text{mm}$、$R5\text{mm}$ 圆弧及 $\phi26\text{mm}$ 外圆，留 0.5mm 精车余量。

6）用 35°尖刀精车 $SR15\text{mm}$、$R5\text{mm}$ 圆弧及 $\phi26\text{mm}$ 外圆，并控制到公差范围内。

二、　填写数控加工工艺卡片

综合前面分析的各项内容，并将其填写在表 5-3 的数控加工工艺卡片中，此卡片是编制数控加工程序的主要依据，也是操作人员编写数控加工程序及加工零件的指导性文件，主要内容包括工步、工步内容、各工步所用的刀具及切削用量等。

表 5-3 数控加工工艺卡片

单位名称					产品型号			
					产品名称		阶梯轴	
零件号		材料型号	45 钢	毛坯	种类	棒料	设备型号	
					规格尺寸	$\phi 35\,mm \times 63\,mm$		
每台件数	1 件							
工序号	工序名称	工步号	工序工步内容	切削参数			工艺装备		
				$n/(r/min)$	a_p/mm	$v_f/(mm/min)$	夹具	刀具	量具
1	备料		备料 $\phi 35\,mm \times 63\,mm$				自定心卡盘		
2	车	1	车工件左端面	800		手轮控制	自定心卡盘	45°端面车刀	
		2	粗车 $\phi 32\,mm$ 外圆,倒角 C1.5	800	1(单边)	100	自定心卡盘	90°外圆车刀	游标卡尺
		3	精车 $\phi 32\,mm$ 外圆,倒角 C1.5	1200	0.5	80	自定心卡盘	90°外圆车刀	千分尺
		4	车工件右端面	800		手轮控制	自定心卡盘	45°端面车刀	游标卡尺
		5	粗车 SR15mm、R5mm 圆弧和 $\phi 26\,mm$ 外圆	800	1(单边)	80	自定心卡盘	35°尖刀	游标卡尺
		6	精车 SR15mm、R5mm 圆弧和 $\phi 26\,mm$ 外圆	1000	0.5	60	自定心卡盘	35°尖刀	游标卡尺,R规

三、编写加工程序 (GSK980TDb 为例)

1. 左端外圆加工程序(以左端面为编程原点)

O5001	//程序号
N10　M03　S800;	//主轴正转,转速为 800r/min
N20　T0101;	//选 1 号刀,执行 1 号刀刀补

N30	G00	X35	Z1；	//快速接近工件

N30   G00 X35 Z1；   //快速接近工件

N40   G00 X33；   //背吃刀量2mm

N50   G01 Z-22 F100；   //粗车外圆

N60   G00 X35 Z1；   //X、Z向退刀

N70   G01 X29 Z0 F100；   //定位到倒角起点

N80   X32.5 Z-1.5；   //倒角C1.5

N90   G01 Z-22 F100；   //留0.5mm精车

N100   G00 X35 Z1；   //X、Z向退刀

N110   G01 X29 Z0 F80；   //精车外圆（提高主轴修调倍率值）

N120   G01 Z-22 F80；

N130   G00 X50 Z100；   //快速退刀到安全点

N140   M30；   //程序结束

2. 右端外圆加工程序（以右端面为编程原点）

O5002   //程序号

N10   M03 S800；   //主轴正转，转速为800r/min

N20   T0202；   //选2号刀，执行2号刀刀补

N30   G00 X35 Z1；   //快速接近工件

N40   G00 X33；   //背吃刀量2mm

N50   G01 Z-40 F80；   //粗车外圆

N60   G00 X35 Z1；   //X、Z向退刀

N70   G00 X30.5；   //留0.5mm精车

N80   G01 Z-40 F80；

N90   G00 X35 Z1；

N100   G00 X25；

N110   G03 X30.5 Z-15 R15 F80；//用同心圆法车削SR15mm

N120   G00 X31 Z1；

N130   G00 X20；

N140   G03 X30.5 Z-15 R15 F80；

N150   G00 X31 Z1；

N160   G00 X15；

N170   G03 X30.5 Z-15 R15 F80；

N180   G00 X31 Z1；

N190   G00 X10；

N200   G03 X30.5 Z-15 R15 F80；

N210   G00 X31 Z1；

N220   G00 X5；   //留余量精车SR15mm

N230   G03 X30.5 Z-15 R15 F80；

N240　G03　X28　Z-24　R15　F80；

N250　G02　X28　Z-31　R5　F80；

N260　G01　Z-40　F80；　　　　　　　　//粗车φ26mm 外圆

N270　G00　X31　Z-15；

N280　G01　X30.5　F80；

N290　G03　X25　Z-24　R15　F80；

N300　G02　X26.5　Z-31　R5　F80；　//粗车 R5mm 圆弧

N310　G01　Z-40　F80；

N320　G00　X31　Z1；

N330　G01　X0　Z0　F60；　　　　　　//精加工

N340　G03　X24　Z-24　R15　F60；　　//粗车 R5mm 圆弧

N350　G02　X26　Z-31　R5　F60；

N360　G01　Z-40　F60；

N370　G00　X100　Z100；　　　　　　//快速退刀至安全位置

N380　M30；　　　　　　　　　　　　//程序结束

学后测评

1. 编写图 5-10 所示轴类零件的数控加工工艺，填写其数控加工工艺卡片，并编制其数控加工程序，毛坯尺寸为 φ45mm×98mm，材料为 45 钢。

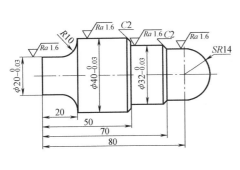

图 5-10　轴类零件（一）

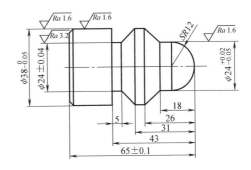

图 5-11　轴类零件（二）

2. 编写图 5-11 所示轴类零件的数控加工工艺，填写其数控加工工艺卡片，并编制其数控加工程序，毛坯尺寸为 φ45mm×98mm，材料为 45 钢。

任务实施

1. 编写图 5-12 所示轴类零件的数控加工工艺，填写其数控加工工艺卡片，编制其数控加工程序，并加工出合格的工件，毛坯尺寸为 φ30mm×71mm，材料为 45 钢。

2. 编写图 5-13 所示轴类零件的数控加工工艺，填写其数控加工工艺卡片，编制其数控加工程序，并加工出合格的工件。毛坯尺寸为 φ30mm×71mm，材料为 45 钢。

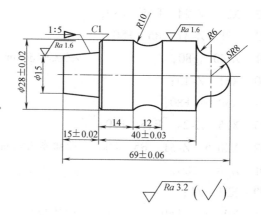

技术要求

1. 不准用砂纸及
   锉刀等修饰表面。
2. 锐边倒角C0.3。
3. 未注倒角C1。
4. 未注公差尺寸按
   GB/T 1804—f。

图 5-12 轴类零件（三）

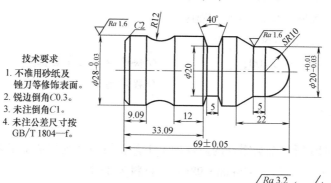

技术要求

1. 不准用砂纸及
   锉刀等修饰表面。
2. 锐边倒角C0.3。
3. 未注倒角C1。
4. 未注公差尺寸按
   GB/T 1804—f。

图 5-13 轴类零件（四）

项目六　普通螺纹的车削

任务一　螺纹车削的基础知识

 知识目标

1. 了解螺纹的形成及相关术语。
2. 掌握普通螺纹的尺寸计算与查表方法。

 技能目标

1. 学会刃磨螺纹车刀。
2. 掌握螺纹加工方法。

任务引入

在各种机器零件中，带有螺纹的零件非常常见，它们主要用作是连接和传动。常用螺纹都符合国家标准，标准螺纹有很好的互换性。螺纹的种类也非常多，本任务主要介绍普通螺纹的有关术语及计算。

知识链接

一、螺纹术语

1. 螺旋线的形成

图 6-1 所示为螺旋线的形成原理。直角三角形 ABC 围绕直径为 d_2 的圆柱旋转一周，斜边 AC 在表面上形成的曲线就是螺旋线。

2. 螺纹大径

1）外螺纹大径 d 即外螺纹的顶径，它是螺纹的公称直径。

2）内螺纹大径 D 即内螺纹的底径。

3. 螺纹小径

1）外螺纹小径 d_1 即外螺纹的底径。

2）内螺纹小径 D_1 即内螺纹的孔径。

4. 螺纹中径（D_2、d_2）

中径是螺纹重要尺寸，螺纹配合时就是靠在中径线上内、外螺纹中径接触来实现传递动力或紧固作用。

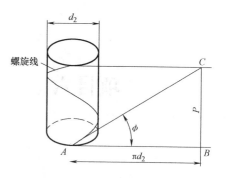

图6-1　螺旋线的形成原理

螺纹中径是一个假想圆柱的直径，该圆柱的素线通过螺纹的牙宽和槽宽正好相等时，这个假想圆柱的直径就是螺纹的中径。相配合的外螺纹和内螺纹中径相等，即 $D_2 = d_2$。

5. 螺纹的直径

螺纹的直径是代表螺纹尺寸的直径，即公称直径。

6. 螺距 P

相邻两牙在中径线上对应两点间的轴向距离称为螺距。

7. 导程 Ph

在同一条螺旋线上，相邻两牙在中径线上对应两点间的轴向距离称为导程。

多线螺纹导程与螺距的关系是

$$Ph = nP$$

式中　Ph——螺纹的导程（mm）；

$\quad\quad n$——多线螺纹的线数；

$\quad\quad P$——螺纹的螺距（mm）。

8. 原始三角形高度 H

在过螺纹轴线的截面内，牙侧两边焦点垂直于螺纹轴线方向的距离，螺纹中径正好通过原始三角形高度的中点，把 H 分成两等分。

普通螺纹原始三角形高度与螺距关系是

$$H = 0.866P$$

式中　H——原始三角形高度（mm）；

$\quad\quad P$——螺距（mm）。

9. 牙型高度

螺纹牙顶和牙底在垂直于螺纹轴线方向的距离。

10. 牙型角 α

在螺纹牙型上，相邻两牙之间的夹角称为牙型角。

11. 螺纹升角 ϕ

在中径圆柱上螺旋线的切线与垂直于螺纹轴线的平面之间的夹角称为螺纹升角。

螺纹升角可按下式计算，即

$$\tan\phi = \frac{Ph}{\lambda d_2} = \frac{nP}{\lambda d_2}$$

式中　ϕ——螺纹升角（°）；

　　　Ph——螺纹的导程（mm）；

　　　d_2——螺纹的中径（mm）。

螺纹升角随螺纹直径的增大而减小，故螺纹大径处的螺纹升角小于螺纹中径处的螺纹升角。

二、螺纹种类和尺寸计算

1. 螺纹的分类

沿螺旋线形成具有相同剖面的连续凸起和沟槽称为螺纹。螺纹的用途相当广泛，种类也繁多，机器制造中很多零件都带有螺纹。螺纹的分类见表6-1。

表6-1　螺纹的分类

分类方法	螺纹类型	说　明
按用途分	连接螺纹	起连接、固定作用
	传动螺纹	传递运动和动力
按牙型分	普通形螺纹	55°、60°牙型，常用于连接
	矩形螺纹	矩形牙型，常用于传动
	锯齿形螺纹	33°牙型，常用于单向传动
	梯形螺纹	30°牙型，常用于传动
	滚珠形螺纹	常用于数控机床中的传动
按螺旋线的方向分	右旋螺纹，简称右螺纹或正牙螺纹	沿右向上升的螺纹（顺时针旋入的螺纹）
	左旋螺纹，左螺纹或反牙螺纹	沿左向上升的螺纹（逆时针旋入的螺纹）
按螺纹的线数分	单线螺纹	常用于连接或传动
	多线螺纹	常用于快速连接或传动
按形成基体分	圆柱螺纹	在圆柱表面上形成的螺纹
	圆锥螺纹	在圆锥表面上形成的螺纹

2. 普通螺纹的计算

普通螺纹在我国应用非常广泛，一般用于连接作用，牙型角为60°。普通螺纹分为粗牙和细牙。粗牙螺纹代号用字母"M"及公称直径表示，如M8、M10等；细牙螺纹代号用字母"M"及公称直径×螺距表示，如M10×1、M20×1.5。左旋螺纹在代号末尾加注"LH"，并用"－"与前面分开，如M10×1-LH。不加注的为右旋螺纹。普通螺纹的基本牙型如图6-2

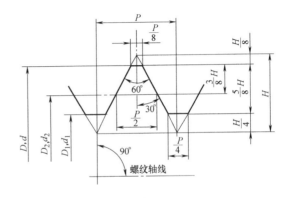

图6-2　普通螺纹的基本牙型

所示，尺寸计算见表6-2。

表6-2　普通螺纹基本尺寸的计算

名　称		代　号	计　算　公　式
外螺纹	牙型角	α	$60°$
	原始三角形高度	H	$H = 0.866P$
	牙型高度	h	$h = \dfrac{5}{8}H = \dfrac{5}{8} \times 0.866 = 0.5413P$
	小径	d_1	$d_1 = d - 2h = d - 1.0825$
	中径	d_2	$d_2 = d - 2 \times \dfrac{3}{8}H = d - 0.6495P$
内螺纹	小径	D_1	$D_1 = d_1$
	中径	D_2	$D_2 = d_2$
	大径	D	$D = d = $公称直径
螺纹升角		ϕ	$\tan\phi = \dfrac{nP}{\pi d_2}$
牙顶宽度		f、W	$f = W = 0.125P$
牙底宽度		w、F	$w = F = 0.25P$

三、　普通螺纹车刀的刃磨

普通螺纹车削采用高速车削时，使用硬质合金车刀；低速车削时采用高速钢车刀。

1. 普通螺纹车刀的几何角度

普通外螺纹车刀的几何角度如图6-3所示，普通内螺纹车刀的几何角度如图6-4所示。

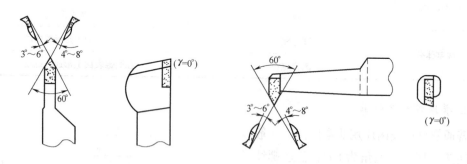

图6-3　普通外螺纹车刀　　　　　　图6-4　普通内螺纹车刀

2. 普通螺纹车刀的刃磨要求

1）根据粗、精车的要求，磨出合理的前、后角。粗车时前角适当大些、后角适当小些；精车则相反。

2）车刀的两侧刃直线性要好，无崩刃。

3）刀头不歪斜，牙型半角相等，刀尖靠近进刀一侧，保证加工时退刀安全。

4）内螺纹车刀刀尖角平分线必须与刀杆垂直。防止车削过程中与孔干涉。

5）内螺纹车刀的后角可适当大些，后刀面并磨成圆弧形。

3. 普通螺纹车刀的刃磨和检查

普通螺纹车刀刃磨顺序一般为先刃磨前刀面，再刃磨两侧面，以防止切削刃和刀尖爆裂。检测时用螺纹样板进行测量。测量时，样板应与车刀底面平行，通过透光法检查，如图6-5所示。观察两边的贴和间隙，进行修磨，以达到要求。

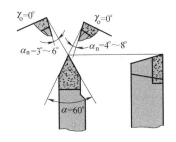
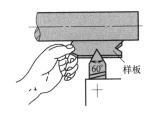

图6-5 普通螺纹车刀的检测

四、 螺纹的车削工艺

1. 进刀方式

低速车削螺纹时，可根据不同的情况，选择不同进刀方法，见表6-3。

表6-3 不同的进刀方法

进刀方法	直 进 法	斜 进 法	左右切削法
图示			
说明	车削时只用中滑板横向进给	在每次往复行程后，除中滑板横向进给外，小滑板只向一个方向作微量进给	除中滑板作横向进给外，同时小滑板向左或向右作微量进给

2. 螺纹轴向起点和终点尺寸的确定

在数控机床上车螺纹时，沿螺纹方向的 Z 向进给应和机床主轴的旋转保持严格的速比关系，但实际车削螺纹开始时，伺服系统不可避免地有一个加速的过程，结束前也相应有一个减速的过程。在这两段时间内，螺距得不到有效保证。为了避免在进给机构加速或减速过程中切削，故在安排其工艺时要尽可能考虑合理的升速进刀段距离 A 和降速退刀段距离 B，如图6-6所示。

A 和 B 的数值与机床拖动系统的动态特性有关，还与螺纹的螺距和螺纹的精度有关。一般 A 取（2~3） P，对大螺距和高精度的螺纹则取较大值；B 一般取（1~2）P。若螺纹退尾处设有退刀槽时，其 $B=0$，这时该处的收尾形状由数控系统的功能设定或确定。

3. 螺纹加工的多刀切削

如果螺纹牙型较深或螺距较大，则可分多次进给。每次进给的背吃刀量按实际牙型高度减精加工背吃刀量后所得的差计算，并按递减规律分配。常用米制普通螺纹切削的进给次数与背吃刀量（直径量）可参考表 6-4 选取。

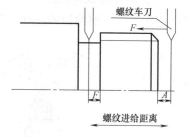

图 6-6　螺纹切削的导入/出距离

表 6-4　常用米制普通螺纹切削的进给次数与背吃刀量

螺距/mm		1.0	1.5	2.0	2.5	3.0
总切削深度/mm		1.3	1.95	2.6	3.25	3.9
每次背吃刀量/mm	1 次	0.8	1.0	1.2	1.3	1.4
	2 次	0.4	0.6	0.7	0.8	0.9
	3 次	0.1	0.25	0.4	0.5	0.6
	4 次	—	0.1	0.2	0.3	0.4
	5 次	—	—	0.1	0.15	0.3
	6 次	—	—	—	0.1	0.2
	7 次	—	—	—	—	0.1

学后测评

一、判断题

1. 外螺纹的大径用 D 表示。　　　　　　　　　　　　　　　　　（　　）

2. 当两螺纹的导程相同时，直径大的螺纹升角大。　　　　　　　　（　　）

3. 左右切削法比直进法车出的螺纹牙型角正确。　　　　　　　　　（　　）

4. 普通螺纹的牙型角为 40°。　　　　　　　　　　　　　　　　　（　　）

5. 高速车削螺纹时一般选用高速钢刀具。　　　　　　　　　　　　（　　）

6. 螺纹可分为圆柱螺纹和锥螺纹两大类。　　　　　　　　　　　　（　　）

7. 粗牙螺纹的代号不必标注螺距。　　　　　　　　　　　　　　　（　　）

8. 代表螺纹尺寸的直径为公称直径。　　　　　　　　　　　　　　（　　）

二、选择题

1. 用带有径向前角的螺纹车刀车普通螺纹，磨刀时必须使用刀尖＿＿＿＿＿牙型角。

　　　　　　　　　　　　　　　　　　　　　　　　　　　　　　（　　）

A. 大于　　　　　　B. 等于　　　　　　C. 小于　　　　　　D. 以上说法均不正确

2. 普通螺纹的牙型角为_____。　　　　　　　　　　　　　　（　　）

A. 30°　　　　　　B. 40°　　　　　　C. 55°　　　　　　D. 60°

3. 高速车螺纹时，硬质合金车刀刀尖应_____螺纹的牙型角。　（　　）

A. 小于　　　　　　B. 等于　　　　　　C. 大于　　　　　　D. 小于或等于

4. 车削右旋螺纹时，主轴正转，车刀由右向左进给；车削左螺纹时，应该使主轴_____进给。　　　　　　　　　　　　　　　　　　　　　　（　　）

A. 倒转，车刀由右向左　　　　　　B. 倒转，车刀由左向右

C. 正转，车刀由左向右　　　　　　D. 正转，车刀由右向左

5. 螺纹加工中加工精度主要由机床精度保证的几何参数为_____。（　　）

A. 大径　　　　　　B. 中径　　　　　　C. 小径　　　　　　D. 导程

6. 下列指令中_____为车削螺纹指令。　　　　　　　　　　　（　　）

A. G01　　　　　　B. G33　　　　　　C. G94　　　　　　D. G90

三、问答题

1. 刃磨螺纹车刀时应注意哪些问题？

2. 试计算 M30×2 螺纹的 h、d_2、d_1、f、W 的基本尺寸。

任务二　车削螺纹

 知识目标

1. 掌握螺纹加工 G32、G92、G76 指令。

2. 了解螺纹加工指令的格式及定义。

 技能目标

1. 学会编制螺纹的数控加工程序。

2. 掌握螺纹的加工方法及检测方法。

 **任务引入**

通过本任务的学习将掌握普通螺纹的基本参数的计算和切削用量的选择，掌握螺纹加

工指令，编制典型零件加工程序。

加工图6-7所示的螺纹轴，毛坯尺寸为φ30mm×63mm，材料为45钢，分析零件的加工工艺，正确使用螺纹指令编制螺纹的数控加工程序。

知识链接

一、螺纹车削指令

1. 单行程等螺距螺纹切削指令 G32

（1）指令格式　G32　X（U）＿　Z（W）
＿　F（I）＿　J＿　K＿　Q＿；。

（2）指令说明

1）X、Z：绝对编程时，为有效螺纹终点在工件坐标系中的坐标。

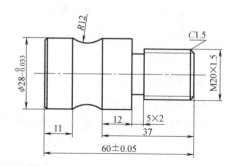

图6-7　螺纹轴（一）

2）U、W：增量编程时，为有效螺纹终点相对螺纹切削起点的坐标。

3）F：螺纹的导程，为主轴转一圈长轴的移动量，F值指定执行后保存有效，直至再次执行给定螺纹螺距的F代码。

4）I：指定每英寸螺纹的牙数。

5）J：螺纹退尾时在短轴方向的移动量（退尾量），带正负方向，如果短轴为X轴，该值为半径值。

6）K：螺纹退尾时在长轴方向的长度。

7）Q：起始角，主轴转一转与螺纹切削起点的偏移角度。取值范围为0～360000（单位：0.001°），每次使用时都必须指定，如不指定默认为0。

（3）实例　编制图6-8所示螺纹轴的数控加工

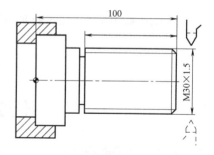

图6-8　螺纹轴（二）

序。螺纹导程为1.5mm，每次背吃刀量（直径值）分别为0.8mm、0.6mm、0.4mm和0.16mm（注：可根据实际加工情况来调整螺纹车削的背吃刀量）。

螺纹轴的数控加工程序如下：

O6001	//程序号
N10　M03　S300；	//主轴以300r/min正转
N20　T0101；	
N30　G00　X50　Z120；	
N40　X29.2　Z5；	//到螺纹起点，背吃刀量0.8mm
N50　G32　Z-81　F1.5；	//切削螺纹到螺纹终点
N60　G00　X40；	//X轴方向快退
N70　Z5；	//Z轴方向快退到螺纹起点处
N80　X28.6；	//X轴方向快进到螺纹起点处，背吃刀量0.6mm
N90　G32　Z-81　F1.5；	//切削螺纹到螺纹切削终点

N100	G00	X40;	//X轴方向快退
N110	Z5;		//Z轴方向快退到螺纹起点处
N120	X28.2;		//X轴方向快进到螺纹起点处，背吃刀量0.4mm
N130	G32	Z-80 F1.5;	//切削螺纹到螺纹切削终点
N140	G00	X40;	//X轴方向快退
N150	Z5;		//Z轴方向快退到螺纹起点处
N160	X28.04;		//X轴方向快进到螺纹起点处，背吃刀量0.16mm
N170	G32	Z-80 F1.5;	//切削螺纹到螺纹切削终点
N180	G00	X40;	//X轴方向快退
N190	X50	Z120;	
N200	M05;		//主轴停
N210	M30;		//主程序结束并复位

2. 螺纹切削循环 G92

（1）指令格式

1）G92 X（U）__ Z（W）__F__J__K__L__;　　　（米制圆柱螺纹切削循环，如图6-9所示）

2）G92 X（U）__ Z（W）__I__J__K__L__;　　　（寸制圆柱螺纹切削循环）

3）G92 X（U）__ Z（W）__R__F__J__K__L__;　　　（米制锥螺纹切削循环，如图6-10所示）

4）G92 X（U）__ Z（W）__R__I__J__K__L__;　　　（寸制锥螺纹切削循环）

（2）指令说明

1）X、Z：绝对编程时，为有效螺纹终点在工件坐标系中的坐标。

2）U、W：增量编程时，为有效螺纹终点相对螺纹切削起点的坐标。

3）R：切削起点与切削终点 X 轴绝对坐标的差值（半径值）。

4）F：螺纹的导程，为主轴转一圈长轴的移动量，F 值指定执行后保存有效，直至再次执行给定螺纹螺距的 F 代码。

5）I：螺纹每英寸的牙数。

6）J：螺纹退尾时在短轴方向的移动量（退尾量），带正负方向，如果短轴为 X 轴，该值为半径值。

7）K：螺纹退尾时在长轴方向的长度。

8）L：多线螺纹的线数，该值取值范围为 1~99，模态参数。省略 L 时默认为单线螺纹。

（3）实例　用 G92 指令编制图 6-11 所示螺纹的数控加工程序，毛坯外形已加工完成。

螺纹的数控加工程序如下：

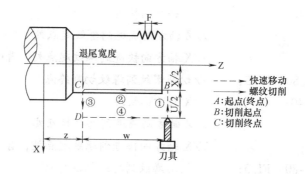

图 6-9　圆柱螺纹加工路线

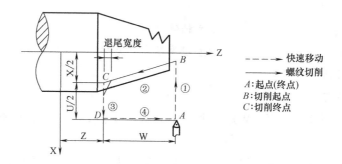

图 6-10　锥螺纹加工路线

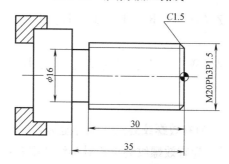

图 6-11　螺纹的数控车削

O6002	//程序号
N10　M03　S400；	//主轴以400r/min 正转
N20　T0101；	
N30　G00　X22 Z10；	//定位到螺纹加工起始点
N40　G92　X19.2　Z-30　F3　L2；	//第一次循环切削，背吃刀量0.8mm
N50　G92　X18.6　Z-30　F3　L2；	//第二次循环切削，背吃刀量0.4mm
N60　G92　X18.2　Z-30　F3　L2；	//第三次循环切削，背吃刀量0.4mm
N70　G92　X18.04　Z-30　F3　L2；	//第四次循环切削，背吃刀量0.16mm
N80　G00　X50；	
N90　Z100；	
N100 M30；	

3. 螺纹切削复合循环 G76

用 G76 时一段指令就可以完成螺纹切削循环加工过程。

(1) 指令格式

1) G76 P (m) (r) (a) Q(△dmin) R (d);

2) G76 X (U) __ Z (W) __ R(△i) P(△k) Q(△d) F(I) __;

(2) 指令说明

1) X、Z：绝对编程时，为有效螺纹终点在工件坐标系中的坐标。

2) U、W：增量编程时，为有效螺纹终点相对螺纹切削起点的坐标。

3) P (m)：螺纹精车次数 (00 ~ 99 次)

4) P (r)：螺纹的退尾长度，取值范围为 00 ~ 99（单位为 0.1P，P 为螺纹的螺距）

5) P (a)：相邻两牙螺纹的夹角，取值范围为 0 ~ 99°。

6) △dmin：螺纹粗车时的最小切削量，取值范围为 0 ~ 999999（半径值）。

7) R (d)：螺纹的精车切削量，取值范围为 0 ~ 99999（半径值）。

8) R (i)：螺纹锥度，即螺纹起点与螺纹终点 X 轴绝对坐标的差值。

9) P (k)：螺纹的牙高，即螺纹的总切削深度（半径值）。

10) Q (△d)：第一次螺纹切削的背吃刀量（半径值）。

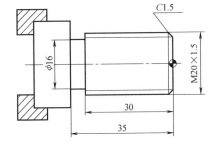

图 6-12 螺纹

11) F：螺纹的导程。

(3) 实例 用 G76 指令编写图 6-12 所示螺纹的数控加工程序，毛坯外形已加工完成。

螺纹的数控加工程序如下：

O06003

N10 M03 S400;

N20 T0101;

N30 G00 X22 Z10;

N40 G76 P020560 Q150 R0.1; //精加工重复两次，刀尖角度 60°，最小背吃刀量 0.15mm，精车余量 0.1mm

N50 G76 X18.04 Z-30 P811 Q800 F1.5; //螺纹牙高 0.811，第一次切削螺纹的背吃刀量 0.8mm

N60 G00 X50 Z100;

N70 M30;

二、 螺纹的检测

车削螺纹时，必须根据不同的质量要求和生产批量，选择不同的测量方法。常用的测量方法有单项测量法和综合测量法。

1. 单项测量法

单项测量法是指测量螺纹某一单项参数，一般是对螺纹大径、螺距和中径的分项测量。测量的方法和选用的量具也不同。

（1）大径测量 螺纹大径公差较大，一般采用游标卡尺和千分尺测量。

（2）螺距测量 螺距一般可用螺纹样板（图6-13）或钢直尺测量。

（3）中径测量 对于精度较高的螺纹，必须测量中径。测量中径的常用方法是用螺纹千分尺测量和用三针测量法测量（较精密）。普通外螺纹的中径一般用螺纹千分尺测量，如图6-14所示。

图6-13 螺纹样板

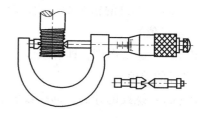

图6-14 中径测量

螺纹千分尺的结构和使用方法与外径千分尺相似，读数原理相同，区别在于它有两个可调整的测量头。测量时，将两个测量头正好卡在被测螺纹的牙型面上，这时所量得的尺寸就是被测螺纹中径的实际尺寸。螺纹千分尺一般用来测量螺距（或导程）为 0.4~6mm 的普通螺纹。

注意：螺纹千分尺附有两对（牙型角分别为60°和55°）测量头，在更换测量头时，必须找正螺纹千分尺的零位。

2. 综合测量法

综合测量法是采用极限量规对螺纹的基本要素（螺纹大径、中径和螺距等）同时进行综合测量的测量方法。测量时，外螺纹采用螺纹环规测量，如图6-15所示。综合测量法测量效率高，使用方便，能较好地保证互换性，广泛用于对标准螺纹或大批量生产螺纹的测量。

图6-15 螺纹环规和塞规

测量前，应做好量具和工件的清洁工作，并先检查螺纹的大径、牙型、螺距和表面粗糙度，以免尺寸不对而影响测量。

测量时，如果螺纹环规的通规能顺利拧入工件螺纹的有效长度范围，而止规不能拧入，则说明螺纹符合尺寸要求。

注意：螺纹环规是精密量具，使用时不能用力过大，更不能用扳手硬拧，以免降低环规测量精度，甚至损坏环规。

学后测评

编写图 6-16 所示螺纹零件的数控加工工艺，填写其数控加工工艺卡片，并编制其数控加工程序，毛坯尺寸为 $\phi30\text{mm} \times 63\text{mm}$，材料为 45 钢。

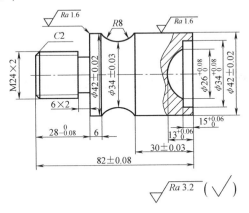

图 6-16　螺纹零件

任务实施

加工如图 6-17 所示的螺纹零件，毛坯尺寸为 $\phi40\text{mm} \times 63\text{mm}$，材料为 45 钢。要求能够熟练地确定外螺纹的加工工艺，正确地编制螺纹的加工程序，并完成零件的加工。

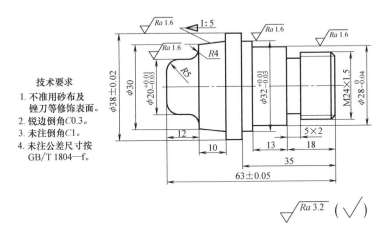

图 6-17　螺纹零件

项目七　孔　的　车　削

任务一　阶梯孔加工的基础知识

 知识目标

1. 了解孔的加工工艺。
2. 熟练运用 G01、G02、G03、G71 等指令编写孔的数控加工程序。

📚 **技能目标**

1. 学会刃磨内孔车刀。
2. 掌握阶梯孔零件的编程与加工。
3. 掌握内孔的检测方法。

 任务引入

加工图 7-1 所示的内孔零件，毛坯尺寸为 $\phi40\text{mm}\times53\text{mm}$，材料为 45 钢，分析零件加工工艺，编写数控加工程序。

💡 **知识链接**

一、孔加工工艺

孔的加工是在工件的内部进行，观察比较困难。刀杆尺寸受孔径影响，选用时受限制，因此刚性比较差。加工孔时要注意排屑和冷却。

孔加工有两种情况，一种是在实体工件上加工孔，另一种是在有工艺孔的工件上再加工孔。

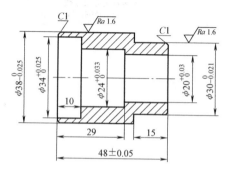

图 7-1　内孔零件

前者一般采用先钻孔、扩孔，再车孔或铰孔的方法加工；后者则可以根据孔加工要求直接进行粗、精镗或铰孔等加工。

1. 钻孔加工

对于精度要求不高的孔，可以用麻花钻直接钻出；对于精度要求较高的孔，钻孔后还需要经过镗孔或铰孔才能完成。选择麻花钻时，要注意钻头的角度（图7-2），并且应根据下一道工序的要求留出加工余量。麻花钻的长度应使钻头螺旋部分稍长于孔深。

钻孔时需要注意以下几点：

1）钻孔前工件端面要用中心钻（图7-3）钻中心孔，以利于钻头准确定心。

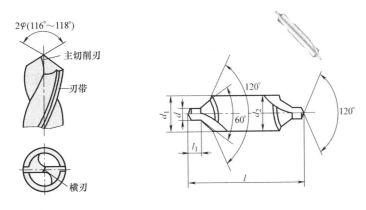

图7-2 麻花钻　　　　　　图7-3 中心钻

2）钻孔时，转速应选低（300～400r/min），并及时排屑。

3）钻头刚接触工件端面和通孔即将钻通时，进给速度应慢一点，避免麻花钻与中心孔不同轴发生扭曲而出现安全事故。

4）手动钻中心孔及钻孔时，进给量要均匀，以防止中心钻及麻花钻折断。

2. 镗孔

直孔车削基本上与车削外圆相同，可用G90、G71等指令来完成孔的粗车，只是X向进刀和退刀方向与车外圆时相反。车孔的关键是解决内孔车刀刀杆的刚性问题和内孔车削中的排屑问题。

增加内孔车刀刀杆刚性的主要方法是尽量增加刀杆的横截面积，尽可能缩短刀杆伸出长度（只需要略大于孔深）。

解决内孔车削中的排屑问题，主要是控制切屑的流出方向。精车孔时应采用正刃倾角内孔车刀，以使切屑流向待加工表面。

镗孔时需要注意以下几点。

1）内孔车刀的刀尖应与工件中心等高或略高，以免产生扎刀现象，或造成孔径尺寸增大。

2）刀柄应尽可能伸出短些，以防止产生振动，一般比被加工孔长5～10mm。

3）刀柄基本平行于工件轴线，以防止车到一定深度时刀柄与孔壁相撞。

3. 常见内孔加工轨迹

内孔加工轨迹如图7-4所示。

1）轨迹 $D \rightarrow A$ 为沿 +X 方向快速进刀。

2）轨迹 $A \rightarrow B$ 为刀具以指令中的指定的 F 值进给切削。

3）轨迹 $B \rightarrow C$ 为刀具沿 -X 方向退刀。

4）轨迹 $C \rightarrow D$ 为刀具沿 +Z 方向快速退刀。

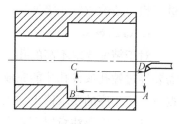

图 7-4　内孔加工轨迹

4. 常用内孔检测法方法

可采用内卡钳、塞规、游标卡尺和内径千分尺检测孔，如图 7-5 所示。

1）采用内卡钳检测内圆时，用手将钳脚张开至孔径大约尺寸，右手大拇指和食指捏住内卡钳的相接部位，将一个钳脚置于孔的下口边，用左手固定。将另一个钳脚置于孔的上口边，并沿孔壁的圆周方向摆动，摆动的距离为 2～4mm。感觉过紧时需要减少内卡钳的开度；反之，则需增大开度，直到调到适度为止。在圆周方向测量的同时，再沿孔的轴向测量，直至该方向上内卡钳的开度为最小。调整内卡钳开度时，可轻敲卡钳的两侧面，但不要敲击内卡钳的测量面，以免损伤内卡钳。

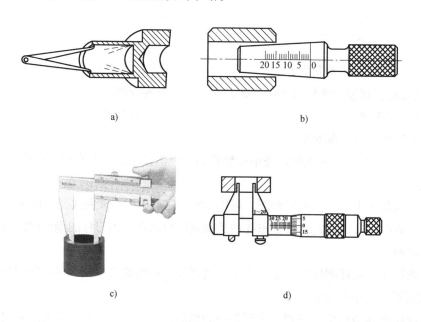

图 7-5　内圆的检测方法
a）内卡钳检测　b）塞规检测　c）游标卡尺检测　d）内径千分尺检测

2）加工一些精度要求较高的小孔时，如果没有合适的测量工具，为了控制加工中的孔径，可制作一个如图 7-5b 所示的锥度 1：50 的内孔塞规，来间接测量小孔直径。在塞规上大端处刻上 0 线，依次往小端刻 1mm 长度 1 格。塞规每往孔内前进 1mm，孔的直径就扩大 0.02mm。例如，测出工件孔的端面到塞规 0 线的距离为 15mm，这时孔的直径为 0.3mm。这样可以有效地控制切削深度，保证产品质量。

3）采用游标卡尺检测圆孔，如图 7-5c 所示。

4）用内径千分尺测量圆孔如图 7-5d 所示，此方法可测量小孔直径和内侧面槽的宽度。其特点是容易找正孔的直径，测量方便。国产内径千分尺的读数值为 0.01mm，测量范围有 5～30mm 和 25～50mm 等多种。内径千分尺的读数方法与外径千分尺相同，只是套筒上的刻线尺寸与外径千分尺相反，另外它的测量方向和读数方向也都与外径千分尺相反。

二、 套类孔零件加工的特点及工艺措施

按结构形状分，套类零件大体可分为短套和长套两类。套类零件的内外圆表面和相关端面间的形状、位置精度要求较高，零件壁的厚度较薄且易变形，零件长度一般大于直径。

套类零件加工的工序多为内孔和外圆表面的粗、精加工，尤其以孔的精加工最为重要。常用加工方法有钻孔、扩孔、铰孔、车孔、磨孔及研磨孔等。

为保证套类零件各表面间的位置精度，通常采用的装夹方法如下。

1）同轴度要求较高且较短的套类零件用自定心卡盘或单动卡盘装夹。

2）以外圆为基准保证位置精度时，一般用软卡装夹。

3）加工较长的套类零件时，通常一端用卡盘夹住，另一端用中心架托住，即"一夹一托"方式。

三、 薄壁套的加工工艺

加工薄壁套零件时，工件很容易变形。引起工件变形的因素有切削力、夹紧力、切削热和应力变形等。其中，影响最大的是夹紧力和切削力。减少切削力的方法是合理选择切削用量、刀具几何角度和刀具材料等。

减少夹紧力引起的变形措施有：

1）合理选择刀具几何角度和切削参数。应控制主偏角，使切削力朝向工件性差的方向减小，刃倾角取正值；车削按同种材料车削加工的背吃刀量与进给量在选取范围在取较小值，切削速度取正常值。

2）粗、精加工分开。

3）增加辅助支承面，提高薄壁套零件在切削过程的刚性，减少变形。

4）将局部夹紧机构改为均匀夹紧机构，减少变形。

5）适当增加加强肋，以减少安装变形，提高精度。

四、 工件质量分析

在数控车床上加工孔时会产生很多加工误差，如内孔尺寸不符合要求，表面粗糙度达不到要求等。孔加工中容易出现的问题及其产生的原因，以及可采取的预防和消除措施见表 7-1 和表 7-2。

表 7-1　孔加工质量分析

问题及现象	产生的原因	预防和消除措施
内孔尺寸精度差	1. 测量方法有误差 2. 刀杆伸出较长 3. 工件产生热胀冷缩 4. 对刀误差过大	1. 改正测量方法 2. 正确装夹刀具 3. 加工时冲注切削液 4. 仔细对刀
孔表面粗糙度差	1. 切屑流向已加工表面 2. 产生积屑瘤 3. 刀具不锋利或刀具已磨损 4. 刀杆振动	1. 换用正确刃倾角的车刀 2. 选择合适的车削用量 3. 重新刃磨刀具 4. 减少刀杆伸出长度
内孔有锥度	1. 刀具已磨损 2. 刀柄与刀壁相碰 3. 刀杆钢性差，产生让刀 4. 床身导轨磨损严重 5. 主轴轴线歪斜	1. 及时更换新刀具或采用耐磨的刀具 2. 正确装刀 3. 在满足条件下尽可能采用大尺寸刀柄并减小进给 4. 修正机床导轨 5. 修正车床主轴

表 7-2　深孔零件的质量分析

问题及现象	产生的原因	预防和消除措施
钻孔的偏斜	1. 工件端面不平或与主轴轴线不垂直 2. 未钻中心孔 3. 钻头太长，钢性差，进给大 4. 钻头两主切削刃不对称 5. 工件内部有砂眼、夹渣等缺陷	1. 重新加工工件端面或修正安装刀具 2. 钻孔前先钻中心孔，进行准确定位 3. 在满足加工条件时，尽可能选择短钻头 4. 重新刃磨钻头 5. 加工前进行工件内部质量检测
孔直径过大	1. 选错钻头的直径 2. 钻头切削刃不对称 3. 钻头未对准工件旋转中心 4. 钻头太长振动时产生温度太高 5. 钻头材料不好	1. 仔细选择刀具 2. 重新刃磨刀具 3. 调整尾座，使尾座轴线与主轴轴线重合 4. 选择短钻头或减少刀杆的伸出，冲注切削液 5. 根据加工材料选择合适材质的钻头
孔表面粗糙度差	1. 排屑不及时 2. 产生积屑瘤 3. 钻头外刃口磨损过度 4. 钻头振动	1. 刀具几何形状不对，进给不正确 2. 选择合适的切削参数 3. 重磨切削刃或换新刀 4. 选择合适的进给量，充分冷却

 学后测评

一、填空题

1. 内孔车刀车孔时可通过控制切削的流出方向来解决排屑问题，可通过改变_____值来改变切削的流出方向。

2. 为了减小径向切削力，防止振动，内孔车刀的主偏角应取_____较为合适。

3. 薄壁套筒零件安装在车床自定心卡盘上，以外圆定位车内孔，加工后发现孔有较大圆度误差，其主要原因是_____。

4. 车削薄壁工件的内孔精车刀的副偏角应比外圆精车刀的副偏角_____。

5. 加工孔类零件有钻孔、_____、_____和_____等几种加工方法。

二、选择题

1. 用麻花钻钻孔的精度一般可达到_____。 （　　）

 A. IT11～IT12   B. IT16～IT17   C. IT18～IT19   D. IT17～IT18

2. 车削内孔时表面粗糙度值一般为_____。 （　　）

 A. $Ra1.6～Ra3.2\mu m$ B. $Ra0.4～Ra0.8\mu m$

 C. $Ra3.2～Ra6.4\mu m$ D. 以上都正确

3. 尺寸200mm，上偏差＋0.27mm，下偏差＋0.17mm，则在程序中应用尺寸编程为

_____。 （　　）

  A. 200.17mm   B. 200.27mm   C. 200.22mm   D. 200mm

4. G41、G42程序段后应避免调用子程序，否则会_____。 （　　）

 A. 子程序无法调用   B. 刀补值无效   C. 产生欠切   D. 产生过切

5. 车削内孔时刀的刀尖位号为_____。 （　　）

 A. 1   B. 2   C. 3   D. 4

三、简答题

1. 钻孔时应注意哪些问题？

2. 麻花钻由哪几部分组成？

任务二　车削内孔及内螺纹

知识目标

1. 掌握螺纹加工指令 G92 的格式及编程方法。
2. 掌握内孔加工的编程方法。

技能目标

1. 熟悉内孔、内螺纹的编程及加工方法。
2. 能够使用量具测量零件的尺寸。

任务引入

编制图 7-6 所示套类零件的数控加工程序。毛坯尺寸为 $\phi 40mm \times 43mm$，材料为 45 钢，单件小批量生产。该零件的加工包含车外圆、钻孔、镗孔及倒角等工序。加工精度中等，检测手段常规，难度适中。

任务实施

一、制订加工工艺

1. 图样分析

该零件由外圆、阶梯轴、内孔、阶梯内孔和内螺纹等构成。其中，多个直径尺寸与轴向尺寸有较高的尺寸精度和表面粗糙度要求。零件图尺寸标注完整，符合数

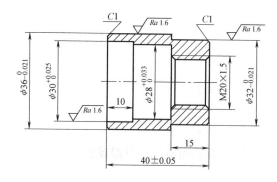

图 7-6　套类零件

控加工尺寸标注要求，轮廓描述清楚、完整。零件材料为 45 钢，可加工性好，无热处理和硬度要求。

通过上述分析，可采取以下几点工艺措施。

1）零件图样上带公差的尺寸，因公差较小，故编程时不必取其平均值，而取其公称尺寸即可。

2）左右端面均有多个设计基准，相应工序加工前，应先将端面车出来。

3）内孔尺寸较小，镗 $\phi 30mm$ 和 $\phi 28mm$ 的孔，以及车 M20×1.5 的内螺纹时需要掉

头装夹。

2. 设备的选用

根据零件的图样要求结合学校设备情况，选用 GS980TDb、华中 21 系统 CAK6136 型卧式经济型数控车床。

3. 刀具的选择

1）45°端面车刀，用于车削工件的端面。

2）90°外圆车刀，用于粗车和精车工件的外圆。

3）镗刀，用于车削工件的内孔加工。

4）内螺纹车刀，用于工件的内螺纹加工。

5）中心钻，用于钻中心孔。

6）$\phi 18\text{mm}$ 的麻花钻，用于钻孔。

4. 切削参数的确定

1）车削端面时，$n = 800\text{r/min}$，用手轮控制进给量。

2）粗车外圆时，$a_p = 1\text{mm}$（单边），$n = 800\text{r/min}$，$v_f = 100\text{mm/min}$。

3）精车外圆时，$a_p = 0.5\text{mm}$，$n = 1200\text{r/min}$，$v_f = 80\text{mm/min}$。

4）粗镗内孔时，$a_p = 1\text{mm}$（单边），$n = 800\text{r/min}$，$v_f = 80\text{mm/min}$。

5）精镗内孔时，$a_p = 0.5\text{mm}$，$n = 1000\text{r/min}$，$v_f = 60\text{mm/min}$。

6）车削内螺纹时，背吃刀量应根据先大后小最后走空刀的原则，$n = 400\text{r/min}$。

7）钻中心孔时，$n = 1200\text{r/min}$。

8）钻孔时，$n = 300\text{r/min}$。

5. 工艺方案及加工路线

根据零件图样要求和毛坯情况，确定工艺方案及加工路线工艺方案如下。

用自定心卡盘夹持 $\phi 40\text{mm}$ 的毛坯外圆，使工件伸出卡盘约 30mm。按照先内孔后外圆的加工原则一次装夹完成 $\phi 28\text{mm}$、$\phi 32\text{mm}$ 孔和 $\phi 38\text{mm}$ 外圆的车削。掉头装夹 $\phi 38\text{mm}$ 外圆，使工件伸出卡盘约 20mm，保证总长后，按照先面后孔的加工原则一次装夹完成 $\phi 32\text{mm}$ 外圆、M24 螺纹的小径孔和螺纹的加工。加工路线如下。

1）用中心钻在工件端面钻一个中心孔。

2）用麻花钻钻 $\phi 18\text{mm}$ 通孔。

3）用45°端面车刀车削工件的左端面。

4）用镗刀粗镗 $\phi 28\text{mm}$ 和 $\phi 30\text{mm}$ 孔，留 0.5mm 精车余量。

5）用镗刀精镗 $\phi 28\text{mm}$ 和 $\phi 30\text{mm}$ 孔。

6）用90°外圆车刀车削 $\phi 36\text{mm}$ 外圆。

7）掉头，并保证总长 40mm。

8）用90°外圆车刀车削 $\phi 32\text{mm} \times 15\text{mm}$ 外圆。

9）用镗孔刀车 M20 小径孔。

10）用内螺纹刀车削 M20×1.5 内螺纹。

二、填写数控加工工艺卡片

综合前面分析的各项内容，将其填写在表 7-3 的数控加工工艺卡片中。此卡片是编制数控加工程序的主要依据，也是操作人员编写数控加工程序及加工零件的指导性文件，主要内容包括工步、工步内容、各工步所用的刀具及切削用量。

表 7-3 数控加工工艺卡片

单位名称							产品型号		
							产品名称		
零件号			材料型号	45 钢	毛坯	种类	棒料		
每台件数						规格尺寸	$\phi40mm \times 43mm$	设备型号	
工序号	工序名称	工步号	工序工步内容	切削参数			工艺装备		
				$n/(r/min)$	a_p/mm	$v_f/(mm/min)$	夹具	刀具	量具
1	备料		备料 $\phi40mm \times 43mm$				自定心卡盘		
2	钻	1	用中心钻钻中心孔	1200		用手控制尾座	自定心卡盘		
		2	用 $\phi18mm$ 麻花钻钻通孔	300		用手控制尾座	自定心卡盘		
3	车	3	车削端面	1000		用手轮车削	自定心卡盘	45°端面车刀	
4	镗	4	粗镗 $\phi28mm$ 和 $\phi30mm$ 孔	800	1（单边）	80	自定心卡盘	镗刀	游标卡尺
		5	精镗 $\phi28mm$ 和 $\phi30mm$ 孔	1000	0.5（单边）	60	自定心卡盘	镗刀	游标卡尺
5	车	6	车削 $\phi36mm$ 外圆	1200	1（单边）	100	自定心卡盘	90°外圆车刀	千分尺
6	掉头	7	保证总长和车削端面				自定心卡盘		
7	车	8	车削 $\phi32mm$ 外圆	1000	1（单边）	120	自定心卡盘	90°外圆车刀	千分尺
8	镗	9	镗 M20 内螺纹的小径孔	1000	1（单边）	80	自定心卡盘	内孔车刀	游标卡尺
9	车螺纹	10	车 $M20 \times 1.5$ 内螺纹			400	自定心卡盘	内螺纹车刀	塞规

三、编写加工程序　（以 GSK980TDb 为例）

1. 内轮廓车削程序（以工件的左端面为零点）

O7001	//程序号
M03　S1000；	//主轴正转，转速 1000r/min
T0101；	//选刀具为 1 号刀
G00　X18；	
Z1；	
G71　U1　R0.5；	//背吃刀量为 1mm（单边），退刀量为 0.5mm
G71　P1　Q2　U-0.5　W0　F100；	//加工采用 G71 循环指令车削
N1　G01　X30.6　Z0　F60；	//N1～N2 为镗孔的精加工程序
X30　Z-0.3；	//锐边倒角 C0.3
Z-10；	
X28.6；	
X28　Z-10.3；	//锐边倒角 C0.3
G01　Z-25；	
X20；	
N2　X18.1　W-1.5；	//倒角 C1.5
G70　P1　Q2；	//精车剩余余量
G00　X18；	//退刀
Z100；	
M30；	//程序结束，返回程序起点

2. 左外圆车削程序（以工件的左端面为零点）

O7002	//程序号
M03　S1200；	//主轴正转，转速 1200r/min
T0202；	//选刀具为 2 号刀
G00　X40；	
Z1；	
G71　U1　R0.5；	//背吃刀量为 1mm（单边），退刀量为 0.5mm
G71　P1　Q2　U0.5　W0　F100；	//加工采用 G71 循环指令车削
N1　G01　X34　Z0　F80；	//N1～N2 为镗孔的精加工程序
X36　W-1；	//倒角 C1
N2　Z-26；	
G70　P1　Q2；	//精车剩余余量
G00　X50；	//退刀
Z100；	

M30；   //程序结束，返回程序起点

3. 右外圆车削程序（以工件的右端面为零点）

O7003   //程序号

M03　S1200；   //主轴正转，转速1200r/min

T0202；   //选刀具为2号刀

G00　X40；

Z1；

G71　U1　R0.5；   //背吃刀量为1mm（单边），退刀量为0.5mm

G71　P1　Q2　U0.5　W0　F100；   //加工采用G71循环指令车削

N1　G01　X30　Z0　F80；   //N1～N2为镗孔的精加工程序

X32　W-1；   //倒角C1

N2　Z-15；

G70　P1　Q2；   //精车剩余余量

G00　X50；   //退刀

Z100；

M30；   //程序结束，返回程序起点

4. 右内孔及内螺纹车削程序（以工件的右端面为零点）

O7004   //程序号

M03　S1000；   //主轴正转，转速1000r/min

T0101；   //选刀具为1号刀

G00　X18；

Z1；

G71　U1　R0.5；   //背吃刀量为1mm（单边），退刀量为0.5mm

G71　P1　Q2　U-0.5　W0　F100；   //加工采用G71循环指令车削

N1　G01　X20　Z0　F60；   //N1～N2为镗孔的精加工程序

X18.3　Z-1.5；   //锐边倒角C0.3

N2　Z-16；

G70　P1　Q2；   //精车剩余余量

G00　X17；   //退刀

Z100；

M30；   //程序结束，返回程序起点

M03　S400；

T0303；

G00　X17；

　　　Z5；

G92　X18.9　Z-16　F1.5；   //第一刀，背吃刀量为0.6mm

G92　X19.4　Z-16　F1.5；   //第二刀，背吃刀量为0.5mm

G92　X19.7　Z-16　F1.5;	//第三刀，背吃刀量为0.3mm
G92　X19.9　Z-16　F1.5;	//第四刀，背吃刀量为0.2mm
G92　X20　Z-16　F1.5;	//最后一刀，背吃刀量为0.1mm
G92　X20　Z-16　F1.5;	//重复最后一刀，去除毛刺
G00　X17　Z100;	//退刀
M30;	//程序结束

学后测评

编写图7-7所示螺套零件的数控加工工艺，填写其数控加工工艺卡片，并编制其数控加工程序，毛坯尺寸为 $\phi45mm \times 40mm$，材料为45钢。

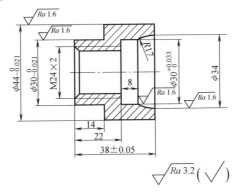

图7-7　螺套零件（一）

任务实施

编写图7-8所示螺套零件的数控加工工艺，填写其数控加工工艺卡片，编制其数控加工程序，并加工出合格的工件，毛坯尺寸为 $\phi40mm \times 48mm$，材料为45钢。

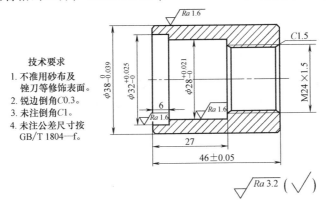

技术要求
1. 不准用砂布及锉刀等修饰表面。
2. 锐边倒角C0.3。
3. 未注倒角C1。
4. 未注公差尺寸按 GB/T 1804—f。

图7-8　螺套零件（二）

项目八　套类零件的车削

任务一　车削套类零件（一）

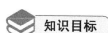 **知识目标**

1. 掌握套类零件的图样分析及工艺分析。
2. 能应用各指令编写套类零件的数控加工程序。

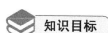 **技能目标**

1. 能够正确使用量具测量零件的尺寸。
2. 能够对零件进行加工质量分析。

 任务引入

如图 8-1 所示的套类零件，毛坯尺寸分别为 $\phi45mm \times 45mm$ 和 $\phi45mm \times 84mm$，材料均为 45 钢，单件小批量生产。该零件包含外圆、外螺纹、内螺纹、圆弧、孔及倒角等结构。加工精度中等，检测手段常规，难度适中。本任务要求学生熟练地确定零件的数控加工工艺，正确选择刀量具及切削参数，正确地编制零件的数控加工程序。

 知识链接

一、制订加工工艺路线

1. 图样分析

本任务中是配合零件的车削，有外圆、孔、槽，以及内、外螺纹的加工，有些地方需要配合起来才能完成加工，没有热处理工艺要求。

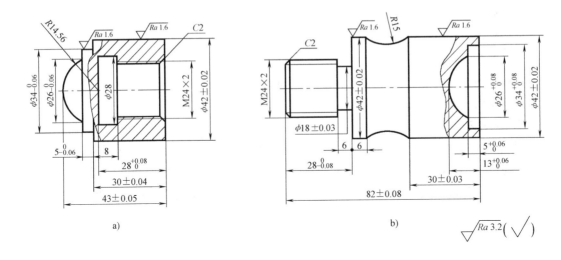

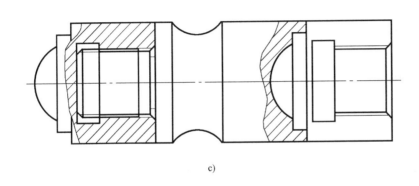

图 8-1　套类零件

a）件1　b）件2　c）配合件

2. 设备的选用

根据零件的图样要求并结合学校的设备情况，可选用 GS980TDb、华中 21 系统 CAK6136 型卧式经济型数控车床。

3. 刀具的选择

1）45°端面车刀，用于车削工件的端面。

2）35°外圆车刀，用于粗车和精车工件的外圆。

3）内孔车刀，用于车削内孔。

4）4mm 刀宽的内槽车刀，车削内槽。

5）60°内外螺纹车刀，车削内螺纹。

6）4mm 刀宽的车槽刀，车削外槽。

4. 切削参数的确定

1）车削端面时，$n = 800 \text{r/min}$，用手轮控制进给量。

2）粗车外圆时，$a_p = 1$mm（单边），$n = 800$r/min，$v_f = 100$mm/min。

3）精车外圆时，$a_p = 0.5$mm，$n = 1200$r/min，$v_f = 80$mm/min。

4）粗车内孔时，$a_p = 1$mm（单边），$n = 600$r/min，$v_f = 80$mm/min。

5）精车内孔时，$a_p = 0.5$mm，$n = 800$r/min，$v_f = 60$mm/min。

6）车内、外槽时，$n = 400$r/min，$v_f = 40$mm/min。

7）车内、外螺纹时，$n = 300$r/min。

5. 工艺方案及加工路线

根据零件图样要求和毛坯情况，确定工艺方案及加工路线工艺方案如下。

（1）工艺方案　用自定心卡盘夹持 $\phi45$mm 外圆，车削件 1 的内孔及内螺纹，并保证件 1 的总长 43mm。然后加工件 2 右端外圆及内孔，掉头车削件 2 外圆及外螺纹。件 1 配合到件 2 螺纹加工件 1 外圆。

（2）加工路线

1）用 45°端面车刀车削件 1 的右端面。

2）用内孔车刀车 M24 的螺纹孔至 21.7mm。

3）用内车槽刀车 $\phi28$mm 宽为 8mm 的内沟槽。

4）用 60°内螺纹车刀车削 M24×2 的内螺纹。

5）掉头，用 45°端面车刀保证工件 43mm 总长。

6）用 45°端面车刀车削件 2 右端面。

7）用 35°外圆车刀粗车件 2 右面至 55mm 处，留 0.5mm 精车余量。

8）精车件 2$\phi42$mm 和 $R15$mm 外圆，并保证到公差范围内。

9）粗车件 2 右面内孔 $\phi26$mm、$\phi34$mm，留 0.5mm 精车余量。

10）精车件 2 右面内孔 $\phi26$mm、$\phi34$mm，并保证到公差范围内。

11）掉头车件 2$\phi42$mm 处，保证工件总长 82mm。

12）用 35°外圆车刀车削件 2 左面外圆 $\phi24$mm 的螺纹外圆。

13）用外车槽刀车 $\phi18$mm 的槽。

14）用 60°外螺纹车刀车 M24×2 的外螺纹。

15）将件 1 配合在件 2 螺纹上，粗车件 1$R14.56$mm、$\phi34$mm、$\phi42$mm 外圆，留 0.5mm 精车余量。

16）精车件 1$R14.56$mm、$\phi34$mm、$\phi42$mm 外圆，并保证到公差范围内。

二、填写数控加工工艺卡片

综合前面分析的各项内容，并将其填写在表 8-1 的数控加工工艺卡片中。此卡片是编制加工程序的主要依据，也是操作人员编写数控加工程序及加工零件的指导性文件。主要内容包括工步、工步内容、各工步所用的刀具及切削用量。

表 8-1　数控加工工艺卡片

单位名称					产品型号			
单位名称					产品名称			阶梯轴
零件号			材料型号	45 钢	毛坯	种类	棒料	设备型号
每台件数	1 件		材料型号	45 钢	毛坯	规格尺寸	φ45mm×45mm φ45mm×84mm	设备型号
工序号	工序名称	工步号	工序工步内容	切削参数			工艺装备		
工序号	工序名称	工步号	工序工步内容	$n/(\text{r/min})$	a_p/mm	$v_f/(\text{mm/min})$	夹具	刀具	量具
1	备料		备料 φ45mm×45mm φ45mm×84mm				自定心卡盘		
2	车件 1	1	车件 1 右端面	800		手轮控制	自定心卡盘	45°端面车刀	
3	镗孔	2	粗车 M24 内孔 小径 φ21.7mm	600	1（单边）	80	自定心卡盘	内孔车刀	游标卡尺
4	车件 1 内沟槽	3	车 φ28mm 内沟槽	400		40	自定心卡盘	内沟槽车刀	内卡钳
5	车件 1 内螺纹	4	车 M24 内螺纹	300			自定心卡盘	内螺纹车刀	塞规
6	车件 2	5	粗车 φ26mm、φ34mm 孔和 φ42mm 外圆	800	1（单边）	100	自定心卡盘	35°外圆车刀	千分尺
6	车件 2	6	精车 φ42mm 外圆	1200	0.5	80	自定心卡盘	外圆车刀	千分尺
7	镗孔	7	粗镗 φ26mm、φ34mm 孔	600	1（单边）	80	自定心卡盘	内孔车刀	千分尺
7	镗孔	8	精镗 φ26mm、φ34mm 孔	800	1（单边）	60	自定心卡盘	内孔车刀	千分尺
8	车外螺纹	9	车 M24 螺纹 大径至 24mm	800	1（单边）	100	自定心卡盘	外圆车刀	千分尺
9	车槽	10	车 φ18mm 槽	400		40	自定心卡盘	车槽刀	游标卡尺
10	车外螺纹	11	车 M24×2 螺纹	300			自定心卡盘	外螺纹车刀	螺纹环规
11	配合加工	12	粗车件 1 外圆	800	1（单边）	100	自定心卡盘	外圆车刀	千分尺
11	配合加工	13	精车件 1 外圆	1200	0.5	80	自定心卡盘	外圆车刀	千分尺

三、 编写加工程序 （以 GSK980TDb 为例）

1. 件 1 内孔数控加工程序（以右端面为编程原点）

O8001	//程序号
M03 S800；	//主轴正转，转速 800r/min
T0101；	//选刀具为 1 号刀
G00 X20；	
Z1；	
G71 U1 R0.5；	//背吃刀量为 1mm（单边），退刀量为 0.5mm
G71 P1 Q2 U-0.5 W0 F80；	//加工采用 G71 循环指令车削
N1 G01 X24 F60；	//N1～N2 为镗孔的精加工程序
X21.7 Z-1.5；	//锐边倒角 C0.3
N2 Z-28；	
G70 P1 Q2；	//精车剩余余量
G00 X18；	//退刀
Z100；	
M30；	//程序结束，返回程序起点

2. 件 1 内沟槽数控加工程序（以右端面为编程原点）

O8002	
M03 S400；	//主轴正转，转速 400r/min
T0202；	//选刀具为 2 号刀
G00 X20；	
Z2；	
G01 Z-28 F40；	//刀具定位到 28mm 处
G01 X28 F40；	//切 4mm
G00 X20；	
Z-24；	
G01 X28 F40；	
G00 X20；	
Z100；	
M30；	

3. 车件 2 外圆（以右端面为编程原点）

O8003；	//程序号
M03 S300；	//主轴正转，转速 300r/min
T0202；	//选刀具为 2 号刀
G00 X20；	
Z5；	

G92　X22.4　Z-21　F2；

G92　X23　Z-21　F2；

G92　X23.4　Z-21　F2；

G92　X23.8　Z-21　F2；

G92　X24　Z-21　F2；

G92　X24　Z-21　F2；

G00　X50；

Z100；

M30；

4. 车件2右端外圆（以右端面为编程原点）

O8004	//程序号
M03　S1200；	//主轴正转，转速1200r/min
T0303；	//选刀具为3号刀

G00　X45；

Z1；

G71　U1　R0.5；	//背吃刀量为1mm（单边），退刀量为0.5mm
G71　P1　Q2　U0.5　W0　F100；	//加工采用G71循环指令车削

N1　G01　X41　F80；

X42　Z-0.5；

Z-30；

G02　X34　Z-48　R15；

G01　X42；

N2　Z-54；

G70　P1　Q2；

G00　X50；

Z100；

M30；

5. 车件2内孔（以右端面为编程原点）

O8005	//程序号
M03　S800；	//主轴正转，转速800r/min
T0101；	//选刀具为1号刀

G00　X20；

Z1；

G71　U1　R0.5；	//背吃刀量为1mm（单边），退刀量为0.5mm
G71　P1　Q2　U-0.5　W0　F80；	//加工采用G71循环指令车削
N1　G01　X34　Z0　F60；	//N1～N2为镗孔的精加工程序

Z-5；

N2　G03　X0　Z-13　R14.56；

G70　P1　Q2；

G00　X50　Z100；

M30；

6. 车件 2 左外圆（以左端面为编程原点）

O8006	//程序号
M03　S1200；	//主轴正转，转速 1200r/min
T0303；	//选刀具为 3 号刀
G00　X45；	
Z1；	
G71　U1　R0.5；	//背吃刀量为 1mm（单边），退刀量为 0.5mm
G71　P1　Q2　U0.5　W0　F100；	//加工采用 G71 循环指令车削
N1　G01　X20　F80；	
X24　Z-2；	
Z-28；	
N2　X42；	
G70　P1　Q2；	
G00　X50　Z100；	
M30；	

7. 车件 2 外槽（以左端面为编程原点）

O8007	//程序号
M03　S800；	//主轴正转，转速 800r/min
T0404；	//选刀具为 4 号刀
G00　X45；	
Z1；	
G01　Z-28　F100；	
G01　X18　F40；	
G00　X24；	
Z-26；	
G01　X18　F40；	
G00　X50；	
Z100；	
M30；	

8. 车件 2 外螺纹（以左端面为编程原点）

O8008	//程序号
M03　S800；	//主轴正转，转速 800r/min
T0404；	//选刀具为 4 号刀

G00 X26；

Z5；

G92 X23.2 Z-23 F2；

G92 X22.6 Z-23 F2；

G92 X22.2 Z-23 F2；

G92 X21.8 Z-23 F2；

G92 X21.7 Z-23 F2；

G92 X21.7 Z-23 F2；

G00 X50 Z100；

M30；

9. 车件 1 外圆（以左端面为编程原点）

O8009	//程序号
M03 S1200；	//主轴正转，转速1200r/min
T0303；	//选刀具为 3 号刀
G00 X45；	
Z1；	
G71 U1 R0.5；	//背吃刀量为1mm（单边），退刀量为0.5mm
G71 P1 Q2 U0.5 W0 F100；	//加工采用 G71 循环指令车削
N1 G01 X0 Z0 F80；	
G03 X26 Z-8 R14.56；	
G01 X34；	
W-5；	
X42；	
N2 W-30；	
G70 P1 Q2；	
G00 X50；	
Z100；	
M30；	

学后测评

编写图 8-2 所示轴套配合件的数控加工工艺，填写其数控加工工艺卡片，编制其数控加工程序，并加工出合格的工件，毛坯尺寸分别为 $\phi42mm \times 45mm$ 和 $\phi45mm \times 84mm$，材料均为 45 钢。

任务实施

编写图 8-3 所示轴套配合件的数控加工工艺，填写其数控加工工艺卡片，编制其数控加工程序，并加工出合格的工件，毛坯尺寸分别为 $\phi40mm \times 77mm$ 和 $\phi40mm \times 37mm$，材料为 45 钢。

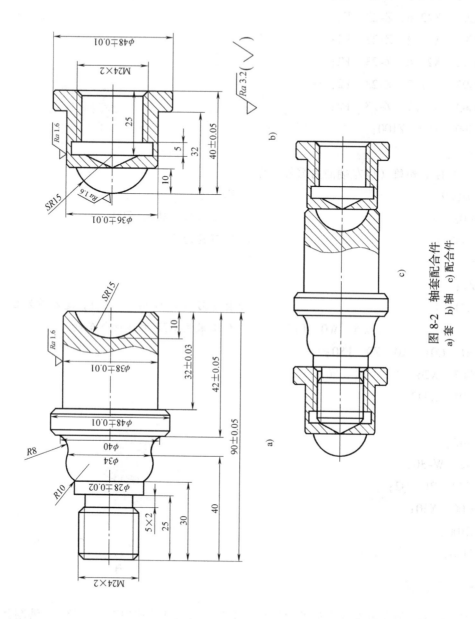

图 8-2 轴套配合件

a) 套 b) 轴 c) 配合件

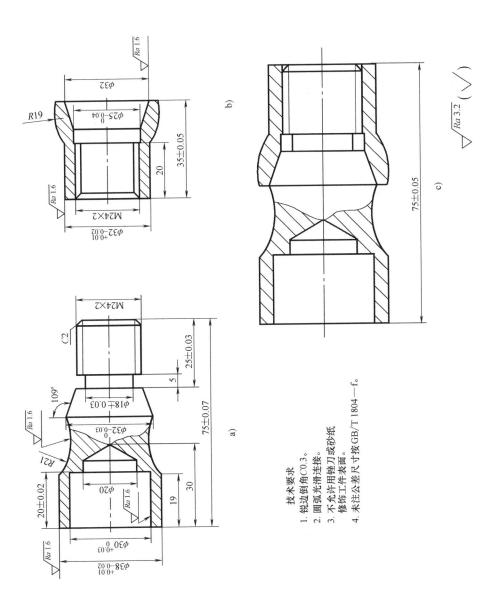

图 8-3　轴套配合件
a) 件1　b) 件2　c) 配合件

技术要求

1. 锐边倒角C0.3。
2. 圆弧光滑连接。
3. 不允许用锉刀或砂纸修饰工件表面。
4. 未注公差尺寸按GB/T 1804—f。

任务二　车削套类零件（二）

知识目标

1. 掌握套类配合件的加工工艺。
2. 掌握套类零件的数控加工程序编制方法。

技能目标

1. 熟悉内孔、内螺纹的数控加工程序编制方法及加工方法。
2. 能够使用量具测量零件的尺寸。

任务引入

加工图8-4所示套类零件的配合件。毛坯尺寸分别为 $\phi45mm \times 40mm$ 和 $\phi45mm \times 84mm$，材料均为45钢，单件小批量生产。该零件包含外圆、外螺纹、内螺纹、圆弧、孔及倒角等结构。加工精度中等，检测手段常规，难度适中。本任务要求学生熟练地确定零件的数控加工工艺，正确编制零件的数控加工程序。

任务实施

一、　制订数控加工工艺

1. 图样分析

该组零件由外圆、阶梯轴、含锥度外圆、内孔、阶梯内孔、外螺纹和内螺纹等结构组成。其中多个直径尺寸与轴向尺寸有较高的尺寸精度和表面粗糙度要求。零件图尺寸标注完整，符合数控加工尺寸标注要求，轮廓描述清楚、完整。零件材料为45钢，可加工性好，无热处理和硬度要求。

通过上述分析，可采取以下几点工艺措施：

1）零件图样上带公差的尺寸，因公差较小，故编程时不必取其平均值，而取其公称尺寸即可。

2）左右端面均有多个设计基准，相应工序加工前，因先将端面车出来。

2. 设备的选用

根据零件的图样要求，并结合学校设备情况，选用 GS980TDb、华中 21 系统 CAK6136 型卧式经济型数控车床。

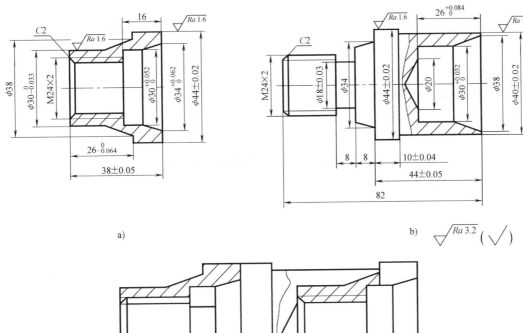

a)

b) $\sqrt{\dfrac{Ra\,3.2}{}}\ \left(\sqrt{}\right)$

c)

图 8-4　套类零件的配合件

a) 件1　b) 件2　c) 配合件

3. 刀具的选择

1) 45°端面车刀，用于车削工件的端面。

2) 90°外圆车刀，用于粗车和精车工件的外圆。

3) 镗刀，用于车削工件的内孔加工。

4) 内螺纹刀，用于工件的内螺纹加工。

5) 中心钻，用于钻中心孔。

6) $\phi20$mm 麻花钻，用于钻孔。

7) 外螺纹车刀，用于工件的外螺纹加工。

4. 切削参数的确定

1) 车削端面时，$n=800$r/min，用手轮控制进给量。

2) 粗车外圆时，$a_p=1$mm（单边），$n=800$r/min，$v_f=100$mm/min。

3) 精车外圆时，$a_p=0.5$mm，$n=1200$r/min，$v_f=80$mm/min。

4) 粗镗内孔时，$a_p=1$mm（单边），$n=800$r/min，$v_f=100$mm/min。

5）精镗内孔时，$a_p = 0.5\text{mm}$，$n = 1200\text{r/min}$，$v_f = 80\text{mm/min}$。

6）车削内螺纹时，背吃刀量根据先大后小最后走空刀的原则，$n = 300\text{r/min}$。

7）钻中心孔时，$n = 1200\text{r/min}$。

8）钻孔时，$n = 300\text{r/min}$。

5. 工艺方案及加工路线

根据零件图样要求及毛坯情况，确定工艺方案及加工路线工艺方案如下。

1）车削件1的右端面。

2）通过钻、镗，完成件1ϕ30mm 的内孔、螺纹的小径内孔及8mm 的内锥面。

3）车削 M24×2 的内螺纹。

4）装夹件2车削件2左端面，ϕ24mm 外圆，ϕ18mm 退刀槽和8mm 的外圆锥面。

5）将内螺纹已经车削好的件1通过与件2螺纹配合加工，完成件1的阶梯外轮廓以及总长和件2的外圆以及外圆弧轮廓，总车削长度为50mm（多车削2mm 防止车削右端时产生接刀痕）。

6）掉头装夹加工件2的右端内孔和内圆锥，车削长度为26mm，并保证件2的总长。

二、 填写数控加工工艺卡片

综合前面分析的各项内容，并将其填写在表8-2的数控加工工艺卡片中。此卡片是编制数控加工程序的主要依据，也是操作人员编写数控加工程序及加工零件的指导性文件，主要内容包括工步、工步内容、各工步所用的刀具及切削用量。

表8-2 数控加工工艺卡片

单位名称						产品型号			
						产品名称			
零件号			材料型号	45钢	毛坯	种类	棒料		设备型号
每台件数						规格尺寸	件1：ϕ45mm×40mm 件2：ϕ45mm×84mm		
工序号	工序名称	工步号	工序工步内容	切削参数			工艺装备		
				$n/(\text{r/min})$	a_p/mm	$v_f/(\text{mm/min})$	夹具	刀具	量具
1	备料	1	备料 ϕ45mm×40mm				自定心卡盘		游标卡尺
2	车	2	车削件1 右端面	800			手轮控制	自定心卡盘	45°端面车刀
3	钻	3	钻 ϕ18mm×28mm 通孔	300			双手控制	自定心卡盘	ϕ18mm 钻花 游标卡尺

（续）

工序号	工序名称	工步号	工序工步内容	切削参数			工艺装备		
				$n/(\text{r/min})$	a_p/mm	$v_f/(\text{mm/min})$	夹具	刀具	量具
4	镗	4	镗ϕ22.125mm（螺纹小径）×28mm 内孔	800	1（单边）	100	自定心卡盘	内孔车刀	游标卡尺
5	车	5	车ϕ30mm 内孔和内锥孔	1000		80	自定心卡盘	镗刀	
		6	车 M24×2 内螺纹	500			自定心卡盘	内螺纹车刀	M24×2 的塞规
6	备料	7	换装夹件2的毛坯ϕ45mm×84mm				自定心卡盘		游标卡尺
7	车	8	车削件2左端面	800		手轮控制	自定心卡盘	45°端面车刀	
		9	车削ϕ24mm 外圆和8mm 外圆锥面	1000	1（单边）	80	自定心卡盘	90°外圆车刀	游标卡尺
		10	车ϕ18mm×8mm 退刀槽	300		30	自定心卡盘	车槽刀	游标卡尺
		11	车削 M24×2 外螺纹	800			自定心卡盘	30°螺纹车刀	游标卡尺
8	配合	12	件1通过螺纹配合在件2上				自定心卡盘		
9	车	13	车削件1外轮廓并保证总长和件2的外轮廓至50mm 处	1000	1	80	自定心卡盘	90°、30°外圆车刀	外径千分尺
10	掉头	14					自定心卡盘		
11	钻	15	通过钻、镗完成件2的右端的内孔及内圆锥	800	1	80	自定心卡盘		游标卡尺

（续）

工序号	工序名称	工步号	工序工步内容	切削参数			工艺装备		
				$n/(r/min)$	a_p/mm	$v_f/(mm/min)$	夹具	刀具	量具
12	车	16	完成件2右端的外圆和总长82mm	1000	1	80	自定心卡盘	90°外圆车刀	千分尺

三、 编制加工程序 （以 GSK980TDb 为例）

配合加工外轮廓程序（零件部分程序）如下：

O8010	//程序号
M03　S1000;	//主轴正转，转速1000r/min
T0101;	//选择90°外圆车刀
G00　X50;	
Z1;	//循环起始点
G71　U1　R0.5;	//循环车削，背吃刀量1mm，退刀量0.5mm
G71　P1　Q2　X0.5　Z0　F100;	//循环加工X方向留0.5mm余量，进给速度100mm/min
N1　G01　X29.4　Z0　F80;	//N1～N2为循环加工程序
X30　Z-0.3;	//锐边倒角C0.3
Z-10;	
X38　Z-26;	
X43.4;	
X44　Z-26.3;	
N2　G01　Z-48;	
G70　P1　Q2;	//精加工X方向0.5mm余量
G00　X60;	//退刀
Z100;	
M30;	//程序结束，返回程序开头

学后测评

编写图 8-5 所示套类配合件的数控加工工艺，填写其数控加工工艺卡片，编制其数控加工程序，并加工出合格的工件，毛坯尺寸分别为 $\phi50mm \times 130mm$ 和 $50mm \times 62mm$，材料均为 45 钢。

任务实施

编写图 8-6 所示套类配合件的数控加工工艺，填写其数控加工工艺卡片，编制其数控加工程序，并加工出合格的工件，毛坯尺寸分别为 $\phi40mm \times 48mm$ 和 $\phi40mm \times 65mm$，材料均为 45 钢。

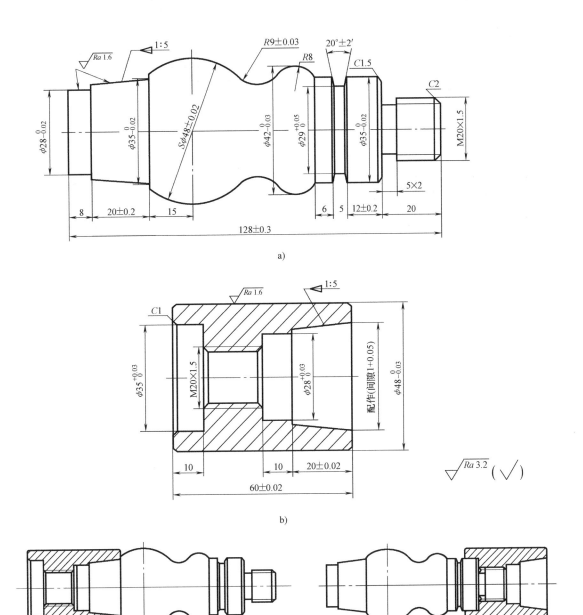

图 8-5　套类配合件

a）件 1　b）件 2　c）配合件

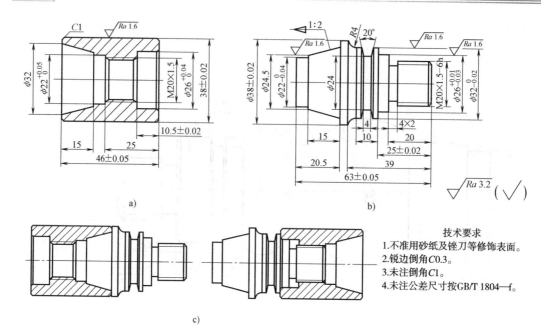

技术要求
1.不准用砂纸及锉刀等修饰表面。
2.锐边倒角C0.3。
3.未注倒角C1。
4.未注公差尺寸按GB/T 1804—f。

图 8-6 套类配合件
a）件1   b）件2   c）配合件

项目九　　特殊型面的车削

任务一　车　削　椭　圆

任务引入

在数控车削中，对于几何形状复杂或无特殊要求的零件常采用手工编程方式，但对于一些复杂的零件曲面或公式曲线，则需借助计算机应用软件进行自动编程，或采用专门的特殊型面指令进行编程加工零件。

知识链接

一、椭圆的公式

1. 椭圆的标准方程

1）公式：

$$\frac{x^2}{a^2} + \frac{y^2}{b^2} = 1$$

2）公式说明，如图9-1所示。

x、y分别为椭圆上坐标点，$OA_2 = a$，即椭圆长半轴长，$OB_2 = b$，即椭圆短半轴长。

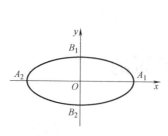

图 9-1 椭圆（一）

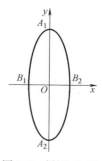

图 9-2 椭圆（二）

2. 椭圆的第二种方程

1）公式：

$$\frac{y^2}{a^2} + \frac{x^2}{b^2} = 1$$

2）公式说明，如图 9-2 所示。

x、y 分别为椭圆上坐标点，$OA_2 = a$，即椭圆长半轴长，$OB_2 = b$，即椭圆短半轴长。

二、 椭圆插补 G6.2、 G6.3

1. 格式

$$\left.\begin{matrix} \text{G6.2} \\ \text{G6.3} \end{matrix}\right\} \quad \text{X（U）} \underline{\quad} \quad \text{Z（W）} \underline{\quad} \quad \text{A} \underline{\quad} \quad \text{B} \underline{\quad} \quad \text{Q} \underline{\quad} \text{；}$$

2. 定义

1）G6.2 代码运动轨迹为从起点到终点的顺时针（后刀架坐标系）/逆时针（前刀架坐标系）椭圆。

2）G6.2 代码运动轨迹为从起点到终点的逆时针（后刀架坐标系）/顺时针（前刀架坐标系）椭圆。

3. 代码说明

1）A 为椭圆长半轴长（0 < A < 99999999 × 最小输入增量，无符号）。

2）B 为椭圆短半轴长（0 < B < 99999999 × 最小输入增量，无符号）。

3）Q 为椭圆的长轴与坐标系的 Z 轴的夹角（逆时针方向 0 ~ 99999999，单位为 0.001°）。

4. G6.2、G6.3 的判断

前刀架坐标系如图 9-3 所示，后刀架坐标系如图 9-4 所示。

Q 值是指笛卡儿坐标系中，从 Y 轴的正方向俯看 XZ 平面，Z 轴正方向正方向顺时针旋转到与椭圆长轴重合时所经过的角度，如图 9-5 和图 9-6 所示。

注意事项：

1）A、B 是非模态参数，如果不输入则默认为 0。当 A = 0 或 B = 0 时，系统产生报警；当 A = B 的时候作圆弧（G02/G03）加工。

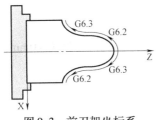

图 9-3　前刀架坐标系

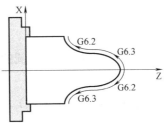

图 9-4　后刀架坐标系

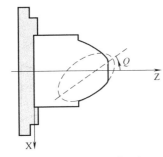

图 9-5　前刀架坐标系

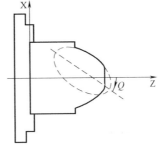

图 9-6　后刀架坐标系

2）Q 值是非模态参数，每次使用都必须指定，省略时默认为 0 度，长轴与 Z 轴平行或重合。

3）Q 的单位为 0.001°，若与 Z 轴的夹角为 180°，则程序中需输入 Q180000。如果输入的为 Q180 或 Q180.0，则均认为是 0.18°。

4）编程的起点与终点间的距离大于长轴长，系统会产生报警。

5）地址 X（U）、Z（W）可省略一个或全部。当省略一个时，表示省略的该轴的起点和终点一致；同时省略表示终点和始点是同一位置，将不作处理。

6）椭圆只加工小于 180°（包含 180°）的椭圆。

7）G6.2、G6.3 代码可用于复合循环 G70～G73 中，注意事项同 G02、G03。

8）G6.2、G6.3 代码可用于 C 刀补中，注意事项同 G02、G03。

三、椭圆加工示例

［例 9-1］　编写图 9-7 所示椭圆的精加工程序。

程序（以前置刀架为基准编程）如下。

M03　S1500；

T0101；

G42　G01　X0　Z0　F100；

G6.3　X31.63　Z-70　A40　B24　Q0；

　　　//判断椭圆的方向

G01　W-20　F100；

X60；

Z-105；

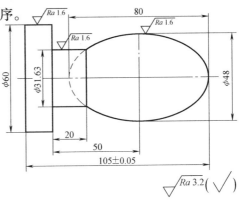

图 9-7　椭圆的精加工

数控车床编程与操作

G40　G00　X100　Z100；

M30；

[**例9-2**]　编写图9-8所示椭圆的精加工程序（注：椭圆长半轴为40mm，椭圆短半轴为20mm）。

程序（以前置刀架为基准编程）如下。

M03　S1500；

T0101；

G42　G012　X0　Z0　F100；

G01　Z-20　F100；

G6.2　X27.31　Z-70　A40　B20　Q60；

　　//判断椭圆的方向及夹角

G01　W-20　F100；

G40　G00　X100　Z100；

M30；

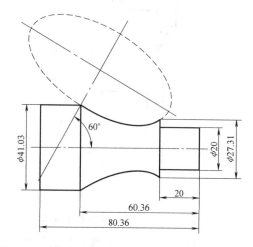

图9-8　椭圆的精加工

学后测评

编写图9-9所示带有椭圆结构的零件的数控加工工艺，填写其数控加工工艺卡片，并编制其数控加工程序，毛坯尺寸为φ50mm×100mm，材料为45钢。

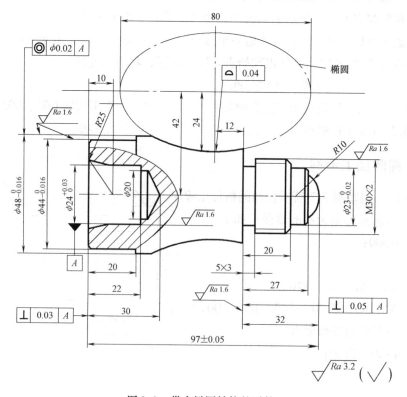

图9-9　带有椭圆结构的零件

任务实施

编写带有椭圆结构的配合件的数控加工工艺，填写其数控加工工艺卡片，编制其数控加工程序，并加工出合格的工件，毛坯尺寸分别为 $\phi40\text{mm} \times 60\text{mm}$ 和 $\phi50\text{mm} \times 43\text{mm}$，材料均为 45 钢。

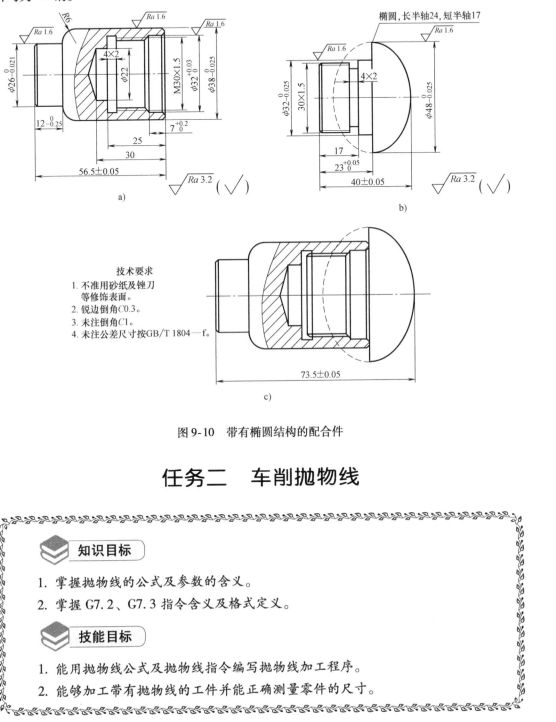

技术要求

1. 不准用砂纸及锉刀等修饰表面。
2. 锐边倒角C0.3。
3. 未注倒角C1。
4. 未注公差尺寸按GB/T 1804—f。

图 9-10　带有椭圆结构的配合件

任务二　车削抛物线

知识目标

1. 掌握抛物线的公式及参数的含义。
2. 掌握 G7.2、G7.3 指令含义及格式定义。

技能目标

1. 能用抛物线公式及抛物线指令编写抛物线加工程序。
2. 能够加工带有抛物线的工件并能正确测量零件的尺寸。

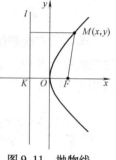

 知识链接

一、 抛物线公式

1. 抛物线的标准方程

（1）公式 $y^2 = 2px$

（2）方程说明（图9-11） 设 $|KF| = p$ ，则 F 的焦点坐标

为 $\left(\frac{p}{2}, 0\right)$ ，准线 L 的方程为 $x = -\frac{p}{2}$

图9-11 抛物线

2. 焦点在各种位置时抛物线的情况（表9-1）

表9-1 焦点在各种位置时抛物线的情况

方　　程	焦　　点	准　　线	图　　形
$y^2 = 2px$ $(p > 0)$	$F\left(\frac{p}{2}, 0\right)$	$x = -\frac{p}{2}$	
$y^2 = -2px$ $(p > 0)$	$F\left(-\frac{p}{2}, 0\right)$	$x = \frac{p}{2}$	
$x^2 = 2py$ $(p > 0)$	$F\left(0, \frac{p}{2}\right)$	$y = -\frac{p}{2}$	
$x^2 = 2py$ $(p > 0)$	$F\left(0, -\frac{p}{2}\right)$	$y = \frac{p}{2}$	

二、 抛物线插补 G7.2、G7.3

1. 格式

$\left.\begin{array}{l} G7.2 \\ G7.3 \end{array}\right\}$ X（U）__ Z（W）__ P__ Q__；

2. G7.2、G7.3 定义

1）G7.2代码运动轨迹为从起点到终点的顺时针（后刀架坐标系）/逆时针（前刀架坐标系）抛物线。

2）G7.2代码运动轨迹为从起点到终点的逆时针（后刀架坐标系）/顺时针（前刀架坐标系）抛物线。

3. 代码说明

1）X、Z：各轴的终点坐标值。

2）P：抛物线标准方程 $y^2 = 2px$ 中的 p 值，取值范围为 $1 \sim 99999999$（单位为最小输入增量，无符号）；

3）Q：抛物线对称轴与 Z 轴的夹角，取值范围 $0 \sim 99999999$（单位为 $0.001°$，无符号）。

4. G7.2、G7.3 *判断*

前刀架坐标系如图 9-12a 所示，后刀架坐标系如图 9-12b 所示。

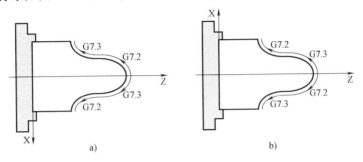

图 9-12　判断 G7.2/G7.3

a）前刀架坐标系　b）后刀架坐标系

Q 值是指笛卡儿坐标系中，从 Y 轴的正方向俯看 XZ 平面，Z 轴正方向顺时针旋转到与抛物线对称轴重合时所经过的角度，如图 9-13 所示。

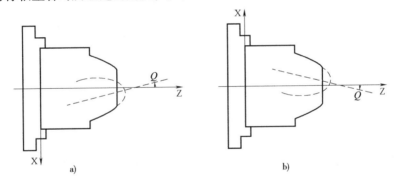

图 9-13　Q 值的判断

a）前刀架坐标系　b）后刀架坐标系

注意：

1）P 值不可以为零或省略，否则产生报警。

2）P 值不含符号，如果输入了负值，则取其绝对值。

3）Q 值可省略，当省略 Q 值时，则抛物线的对称轴与 Z 轴平行或重合，Q 不含符号。

4）当起点与终点所在的直线与抛物线的对称轴平行时，产生报警。

5）G7.2、G7.3 代码可用于复合循环 G70 ~ G73 和 C 刀补中，注意事项同 G02、G03。

三、　抛物线加工示例

[**例 9-3**]　如图 9-14 所示，编写零件的加工程序。

程序（以前置刀架为基准编程）如下。

M03　S1500；

T0101；

G42　G01　X0　Z0　F100；

G7.3　X20　Z-10　P50000　Q0；　//计算出抛

物线P值

G01　X20　F100；

Z-3；

X40；

Z-40；

G40　G00　X100；

Z100；

M30；

注：P值系统最小增量为0.0001mm。

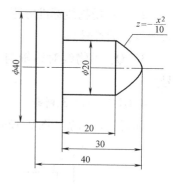

图 9-14　抛物线的加工

学后测评

编写图9-15所示带有抛物线结构的零件的数控加工工艺，填写其数控加工工艺卡片，并编制其数控加工程序，毛坯尺寸为$\phi45mm \times 65mm$，材料为45钢。

任务实施

编写图9-16所示带有椭圆和抛物线结构的配合件的数控加工工艺，填写其数控加工工艺卡片，编制其数控加工程序，并加工出合格的产品，毛坯尺寸分别为$\phi50mm \times 92mm$和$\phi30mm \times 56mm$，材料均为45钢。

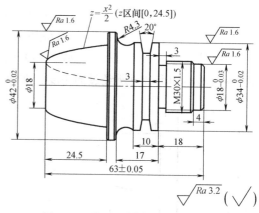

图 9-15　带有抛物线结构的零件

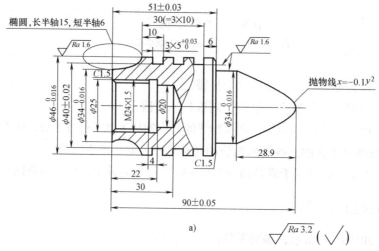

a)

图 9-16　带有椭圆和抛物线结构的配合件

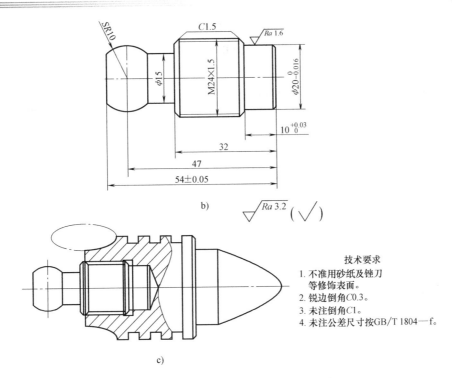

b)

$$\sqrt{Ra\,3.2}\ \left(\ \sqrt{}\ \right)$$

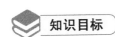

技术要求
1. 不准用砂纸及锉刀等修饰表面。
2. 锐边倒角C0.3。
3. 未注倒角C1。
4. 未注公差尺寸按GB/T 1804—f。

c)

图 9-16　带有椭圆和抛物线结构的配合件（续）

任务三　多重循环指令

知识目标

1. 掌握循环指令的代码及功能含义。
2. 能用循环指令编写零件的数控加工程序。

技能目标

用循环指令编写零件的数控加工程序并加工合格零件。

任务引入

轴类零件如图 9-17 所示，用循环指令编写其数控加工程序，毛坯尺寸为 $\phi35\text{mm} \times 62\text{mm}$，材料为 45 钢。

知识链接

数控机床上加工工件的毛坯常为棒料或铸、锻件，因此加工余量较大，一般需要多次重复循环加工才能去除全部余量。GS980TDb 的多重循环指令包括轴向粗车循环 G71、径向粗车循环 G72、封闭粗车循环 G73、精加工循环 G70、轴向车槽多重循环 G74 和径向车槽多重循环 G75。使用多重循环指令，可根据编程轨迹、进刀量、退刀量等数据自动计算切削次数和切削轨迹。

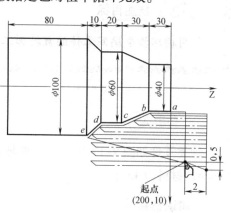

图 9-17　轴类零件

一、轴向粗车循环 G71

1. 代码格式

G71　U（△d）__　R（e）__　F（f）__

S（s）__　T（t）__；

　G71　P（ns）__　Q（nf）__　U（△u）__　W（△w）__；

　N（ns）　G00/G01　X（U）…F；　类型Ⅰ

　　　　　　N（nf）…；

　N（ns）　G00/G01　X（U）　Z（W）　F；　类型Ⅱ

　　　　　　　　N（nf）…；

2. 指令的含义

1）△d：背吃刀量，半径值。

2）e：退刀量，半径值。

3）ns：精加工轮廓程序段中开始程序段的段号。

4）nf：精加工轮廓程序段中结束程序段的段号。

5）△u：X 轴向精加工余量，直径值。

6）△w：Z 轴向精加工余量。

7）f、s、t 分别为 F、S、T 代码。

注意：

1）ns→nf 为程序段中的 F、S、T 功能，即使被指定也对粗车循环无效。

2）零件轮廓必须符合 X 轴、Z 轴方向同时单调增大或单调减少；X 轴、Z 轴方向非单调时，ns→nf 程序段中第一条指令必须在 X、Z 向同时有运动。

3. 例题

[例 9-4]　编写图 9-18 所示轴的外圆粗车循环加工程序。

程序如下。

M03　S1200；

T0101；

G00　X120；

图 9-18　轴

Z1；

G71　U1　R1　F150；　　　//每次背吃刀2mm，退刀量2mm（直径值）

G71　P10　Q20　U0.5　W0.01；　　//对 a→e 粗车加工，X 余量0.5mm，Z余量0.01mm

N10　G01　X40　Z0　F100；　　//定位到 a

Z-30；　　　　　　　　　　//a→b

X60　W-30；　　　　　　　//b→c

W-20；　　　　　　　　　//c→d

X100　W-10；　　　　　　//d→e

N20　W-80；

G70　P10　Q20；　　　　　//精加工 a→e

G00　X100；

Z100；

M30；

二、 径向粗车循环 G72

径向粗车循环是一种复合固定循环。径向粗车循环适用于 Z 向余量小，X 向余量大的棒料粗加工。

1. 代码格式

G72 W（△d）＿ R（e）＿ F＿ S＿ T＿；

G72 P（ns）＿ Q（nf）＿ U（△u）＿ W（△w）＿；

2. 指令含义

1）△d：粗车时 Z 轴的切削量。

2）e：粗车时 Z 轴退刀量。

3）ns：精加工轮廓程序段中开始程序段的段号。

4）nf：精加工轮廓程序段中结束程序段的段号。

5）△u：粗车时 X 轴向精加工余量。

6）△w：粗出时 Z 轴向精加工余量。

7）F：切削速度。

8）S：主轴转速。

9）T：刀具代码。

注意：

1）ns→nf 为程序段中的 F、S、T 功能，即使被指定对粗车循环无效。

2）零件轮廓必须符合 X 轴、Z 轴方向同时单调增大或单调减少。

3. 例题

[**例 9-5**] 编写图 9-19 所示轴的端面粗车循环加工程序。

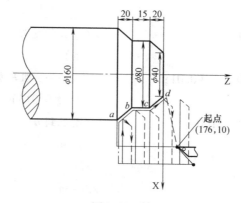

图 9-19　轴

程序如下。

M03　S1200；

T0101；

G00　X176　Z10；

G72　U1　R0.5；　　　　　　　　　　　//进刀量1mm，退刀量0.5m

G72　P10　Q20　U0.5　W0.1　F150；　//对 a→d 粗车，X 留 0.5mm

　　　　　　　　　　　　　　　　　　　余量，Z 留 0.1mm

N10　G00　Z-55；　　　　　　　　　　//快速移动到 a

G01　X160　F100；　　　　　　　　　//进刀至 a 点

X80　W20；　　　　　　　　　　　　//加工 a→b

W15；　　　　　　　　　　　　　　　//加工 b→c

N20　X40　Z20；　　　　　　　　　　//加工 c→d

G70　P10　Q20；　　　　　　　　　　//精加工 a→d

G00　X200；

Z200；

M30；

三、　封闭切削循环 G73

封闭切削循环是一种复合固定循环，适用于对铸、锻毛坯的切削，对零件轮廓的单调性则没有要求。

1. 代码格式

G73　U（△i）＿　W（k）＿　R（△d）＿　F＿　S＿　T＿；

G73　P（ns）＿　Q（nf）＿　U（△u）＿　W（△w）＿　F（f）＿；

2. 指令含义

1）△i：X 轴粗车退刀量。

2）△k：Z 轴粗车刀量（半径值）。

3）d：重复加工次数。

4）ns：精加工轮廓程序段中开始程序段的段号。

5）nf：精加工轮廓程序段中结束程序段的段号。

6）△u：X轴向精加工余量。

7）△w：Z轴向精加工余量。

8）F：切削速度。

9）S：主轴转速。

10）T：刀具代码。

3. 例题

[**例9-6**]　编写图9-20所示端面粗车循环加工程序。

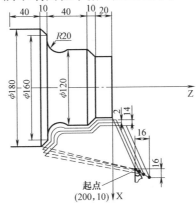

图9-20　端面粗车循环

程序如下。

M03　S1200；

T0101；

G00　X140　Z1；

G73　U1　W1　R3；　　　　　　　　//X轴退刀量2mm，Z轴退刀量1mm

G73　P10　Q20　U0.5　W0.3　F150；　//粗车，X留0.5mm，Z留0.3mm精车余量

N10　G01　X80　Z0　F100；

X120　W-10；

W-20；

G02　X160　W-20　R20；

N20　G01　X180　W-10；

G70　P10　Q20；

G00　X200　Z200；

M30；

四、精加工循环 G70

1. 代码格式

G70 P（ns）__　Q（nf）__；

2. 代码功能

刀具从起点位置沿着 ns ~ nf 程序段给出的工件精加工轨迹进行精加工。在 G71、G72 或 G73 进行粗加工后，用 G70 代码进行精车，单次完成精加工余量的切削。G70 循环结束时，刀具返回到起点，并执行 G70 程序段后的下一个程序段。

ns 为精车轨迹第一个程序段的程序段号；

nf 为精车轨迹的最后一个程序段的程序段号。

G70 代码轨迹由 ns ~ nf 之间程序段的编程轨迹决定。ns、nf 在 G70 ~ G73 程序段中的相对位置关系如下。

G71/G72/G73 …；

　　N （ns）；

　　⋮　　　　　　　　　精加工路线程序段群

　　N （nf）…；

G70 P （ns）　Q （nf）；

G70 必须在 ns ~ nf 程序段后编写。

执行 G70 精加工循环时，ns ~ nf 程序段中的 F、S、T 代码有效。G96、G97、G98、G99、G40、G41、G42 代码在执行 G70 精加工循环时有效。

G70 代码执行过程中，可以停止自动运行并手动移动，但要再次执行 G70 循环时，必须返回到手动移动前的位置。如果不返回就继续执行，后面的运行轨迹将错位。

执行单程式段的操作，在运行完当前轨迹的终点后程序暂停。在录入方式中不能执行 G70 代码，否则产生报警。在同一程序中需要多次使用复合循环代码时，ns ~ nf 不允许有相同程序段号。退刀点要尽量高或低，避免退刀碰到工件。

五、 轴向切槽多重循环 G74

1. 代码格式

G74　R （E） ＿；

G74　X （U） ＿　Z （W） ＿　P （△i） ＿　Q （△k） ＿　R （△d） ＿　F ＿；

2. 代码功能

1）切削终点：X （U） ＿ Z （W） ＿指定的位置，最后一次轴向进刀终点。

2）R （e）：每次轴向 （Z 轴） 进刀后的轴向退刀量，取值范围 0 ~ 99.999 （单位：mm），无符号。

3）X：切削终点的 X 轴绝对坐标值。

4）U：切削终点与起点的 X 轴绝对坐标的差值。

5）Z：切削终点的 Z 轴的绝对坐标值。

6）W：切削终点与起点的 Z 轴绝对坐标的差值。

7）P （△i）：单次轴向切削循环的径向 （X 轴） 切削量，取值范围为 $0 < \triangle i \le 9999999$ （IS ＿ B） 或 99999999。

8）Q （△k）：轴向 （Z 轴） 切削时，Z 轴断续进刀的进刀量，取值范围为 $0 < \triangle k \le$

9999999（IS ＿ B）或 99999999（IS ＿ C）×最小输入增量（无符号）。

9）R（Δd）：切削至轴向切削终点后，径向（X 轴）的退刀量，取值范围 0 ~ 99999999×最小输入增量（直径值），无符号，省略 R（Δd）时，系统默认轴向切削终点后，径向（X 轴）的退刀量为 0。

省略 X（U）和 P（Δi）代码字时，默认往正方向退刀。

3. 例题

［例 9-7］ 编写图 9-21 所示零件端面的粗车循环加工程序。

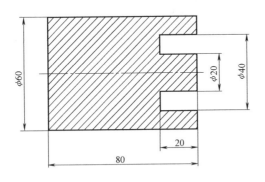

图 9-21 零件

程序（假设切槽刀宽度为 4mm，系统的最小增量为 0.001mm）如下。

O00007

M03 S400；

T0101；

G00 X36；

Z5；

G74 R0.5；

G74 X20 Z-20 P3000 Q5000 F50；　//Z 轴每次进刀 5mm，退刀 0.5mm，进给到终点（Z-20）后，快速返回到起点（Z5），X 轴进刀 3mm，循环以上步骤继续运行

G00 Z100；

X100；

M30；

 学后测评

编写图 9-22 所示带有椭圆和抛物线结构的配合件的数控加工工艺，填写其数控加工工艺卡片，并用循环指令编写其数控加工程序，毛坯尺寸分别为 $\phi50mm \times 102mm$、$\phi60mm \times 52mm$ 和 $\phi60mm \times 62mm$，材料均为 45 钢。

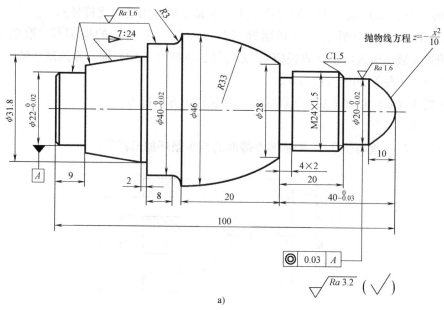

a)

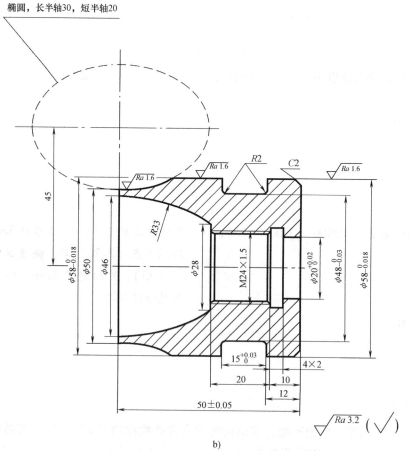

b)

图 9-22 带有椭圆和抛物线结构的配合件

a）件 1 b）件 2

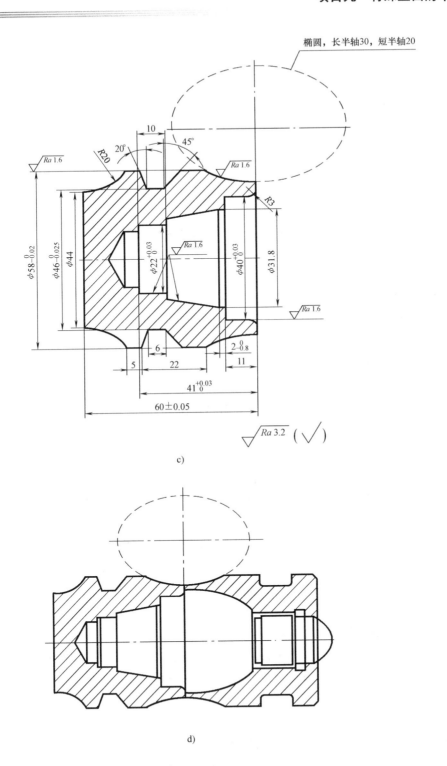

c)

d)

图 9-22　带有椭圆和抛物线结构的配合件

c) 件 3　d) 配合件

附 录

附录 A　数控车工安全操作规程

1. 操作前

1）必须按要求穿好工作服，否则不允许进入实训车间。

2）长发必须佩戴安全帽，且必须将长发纳入帽内。

3）工作服穿戴要"三紧"，即领口紧、袖口紧和裤子口紧。

4）穿耐油、防滑和鞋面抗砸的劳动保护鞋。

5）不允许穿拖鞋或棉鞋进入实训室。

6）不允许穿短袖或短裤进入实训车间操作数控机床。

7）操作机床加工零件时必须有两人以上在实训场。

8）禁止戴手套操作机床。

9）禁止两人或者两人以上同时操作一台数控机床。

10）实训期间禁止打手机、听音乐等，机床操作时不允许嬉戏、打闹。

2. 操作中

1）机床开动期间，严禁离开工作岗位或做与操作无关的事情。

2）工件和刀具必须夹紧可靠，工件夹紧后，应及时取下卡盘扳手。

3）必须在操作步骤完全清楚后再进行操作，遇到问题应及时向实训指导教师请教，禁止在不知道规程的情况下进行尝试性的操作。

4）进行机床运行及自动加工时必须在实训教师的指导下进行。

5）学生编完程序或将程序输入机床后，要经过指导教师检查无误后才可运行。

6）每次开机后，必须先回参考点。加工工件时应关好防护门。

7）手动回参考点时，注意机床各轴位置要距离原点 100mm 以上。

8）自动加工中出现紧急情况时应立即按下"急停"按钮。当显示屏出现报警信号时，要先查明报警原因，采取对应措施取消报警后再进行操作。

9）程序运行时，刀具距离工件 200mm 以上，光标要放在主程序开始，检查各按钮功能键的位置是否正确。

10）采用正确的速度加工工件，刀具选择一定要正确，严格按照实习指导教师推荐的加工参数及刀具来车削工件。

11）手动对刀时，应选择合适的进给速度。手动换刀时，刀架与工件要有足够的转动距离，以免发生碰撞。

12）机床自动加工时，应关闭防护门，应注意观察工件加工的情况，同时右手应放在程序停止按钮上，以便出现问题时及时停止操作。

13）若在程序运行过程中，有工件测量要求时，要待机床完全停止，主轴停止转动后才可进行测量，此时千万注意不要去接触开始按钮，以免发生事故。

14）机床运行时不允许打开电器柜门。非电器维修人员不得改动电器及电器控制系统参数。

15）操作者离开机床、变换速度、更换刀具、测量尺寸、装夹和调整工件时，都应使主轴停止，并且要等主轴停转 3min 后才可关机。

16）用铁钩或是毛刷清理车床上铁屑，不准用手直接去清理铁屑。

17）打扫清洁后，应及时给机床导轨、卡盘、尾座打润滑油以防生锈。

18）认真填写数控车床操作日志，做好交接工作，消除安全隐患。

19）量具应按照摆放要求放在操作柜上，不允许乱扔、乱放。量具取用时应轻拿轻放。

20）加工完毕后，应将量具擦拭干净，并放入盒内。

3. 操作后

1）实训结束后，清理铁屑，打扫实训室，把刀具、材料、量具放入工具柜内。

2）定期按机床润滑要求进行润滑。经常观察油标、油位。采用规定的润滑油和润滑脂对机床进行保护。

3）切断机床总电源时，刀架必须移到尾座一端。

4）做好防火防盗工作，检查门窗是否关好，相关设备和照明电源是否关好。

附录 B　中级数车技能鉴定试题

按如下要求，完成附图 B-1 所示零件的数控加工，毛坯尺寸为 $\phi30mm$ 棒料，材料为 45 钢。

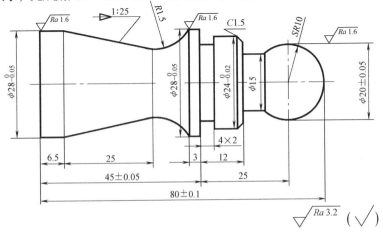

附图 B-1　中级数车技能鉴定试题

1）工件在一次装夹中完成加工。

2）车断后允许端面留下不大于 2mm 的凸台。

3）圆弧与锥度连接圆滑。

4）R10mm、R15mm 圆弧用样板透光度检查，间隙不大于 0.08mm。

附录 C　数车技能竞赛试题

1.

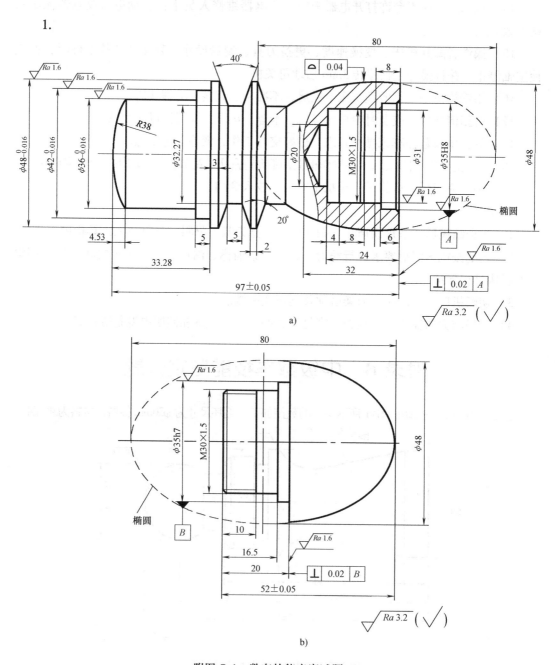

a)

b)

附图 C-1　数车技能竞赛试题一

a）件 1　b）件 2

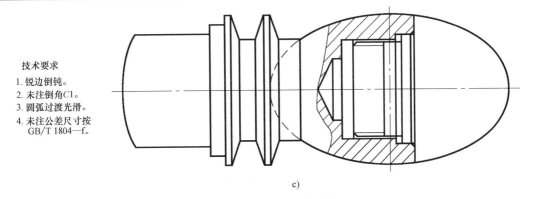

技术要求

1. 锐边倒钝。

2. 未注倒角C1。

3. 圆弧过渡光滑。

4. 未注公差尺寸按
   GB/T 1804—f。

c)

附图 C-1　数车技能竞赛试题一（续）

c）配合件

2.

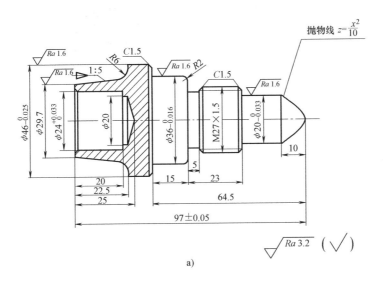

a)

技术要求

1. 锐边倒钝。

2. 未注倒角C1。

3. 圆弧过渡光滑。

4. 未注公差尺寸按
   GB/T 1804—f。

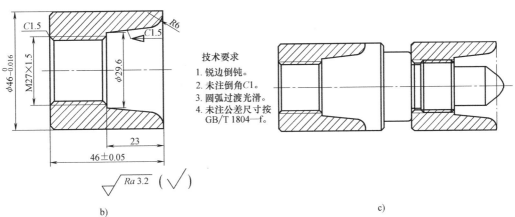

b)

c)

附图 C-2　数车技能竞赛试题二

a）件1　b）件2　c）配合件

3.

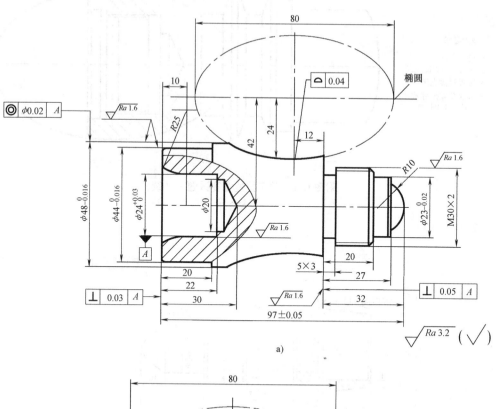

a)

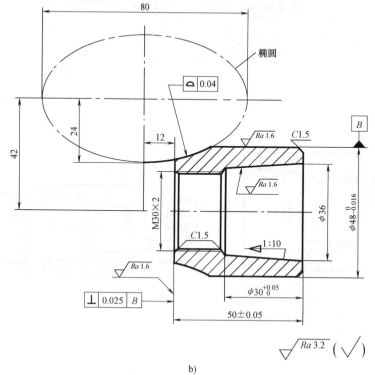

b)

附图 C-3　数车技能竞赛试题三

a) 件1　b) 件2

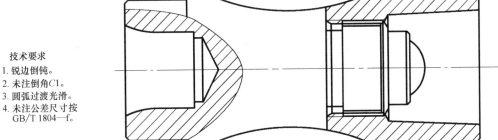

技术要求
1. 锐边倒钝。
2. 未注倒角C1。
3. 圆弧过渡光滑。
4. 未注公差尺寸按
　 GB/T 1804—f。

c)

附图 C-3　数车技能竞赛试题三（续）

c）配合件

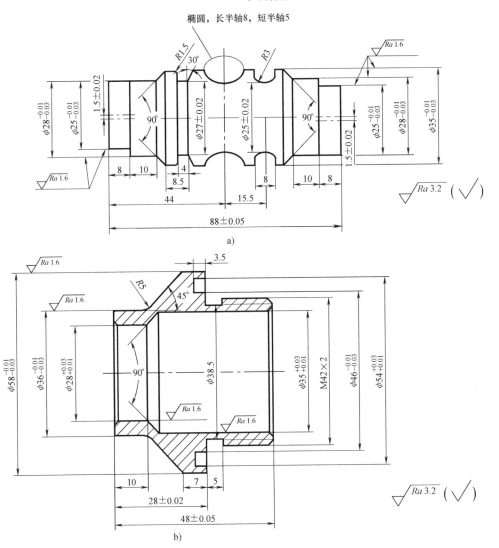

a)

b)

附图 C-4　数车技能竞赛试题四

a）件1　b）件2

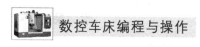
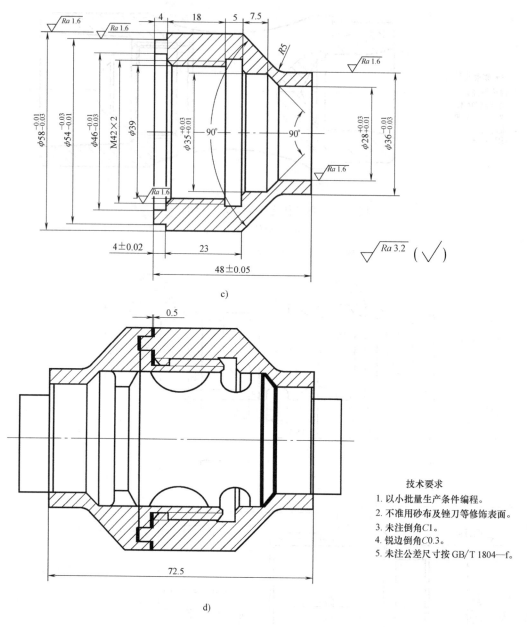

技术要求
1. 以小批量生产条件下编程。
2. 不准用砂布及锉刀等修饰表面。
3. 未注倒角C1。
4. 锐边倒角C0.3。
5. 未注公差尺寸按GB/T 1804—f。

附图 C-4　数车技能竞赛试题四（续）

c）件3　d）配合件

附录 D　数控车工理论试题及其参考答案

数控车工理论试题一

一、选择题（将正确答案序号填入括号内，每题1分，共30分）

1. 物体三视图的投影规律是：主俯视图（　　　）。

A. 长对正　　　　B. 高平齐　　　　C. 宽相等　　　　D. 上下对齐

2. 机械制图国家标准规定：在垂直螺纹线方向的视图中，螺纹牙底用（　　　）表示。

A. 虚线　　　　B. 细实线　　　　C.3/4 细实线　　　　D. 点画线

3. 同一表面有不同的表面粗糙度要求时，须用（　　　）分出界线，并分别标出相应的尺寸和代号。

A. 点画线　　　　B. 细实线　　　　C. 粗实线　　　　D. 虚线

4. "选择比例和图幅；布置图面，完成底稿；检查底稿，标注尺寸和技术要求后描深图形；填写标题栏"是绘制（　　　）的步骤。

A. 零件草图　　　　B. 零件工作图　　　　C. 装配图　　　　D. 标准件图

5. 在尺寸链中，当其他尺寸确定后，新产生的一个环是（　　　）。

A. 增环　　　　B. 减环　　　　C. 封闭环　　　　D. 组成环

6. 定位基准应从与（　　　）有相对位置精度要求的表面中选择。

A. 加工表面　　　　B. 被加工表面　　　　C. 已加工表面　　　　D. 切削表面

7. 低碳钢为避免硬度过低切削时粘刀，应采用（　　　）热处理。

A. 退火　　　　B. 正火　　　　C. 淬火　　　　D. 时效

8. 已知米制梯形螺纹的公称直径为 40mm，螺距 $P=8\text{mm}$，牙顶间隙 $A_c=0.5\text{mm}$，则外螺纹牙高为（　　　）mm。

A. 4.33　　　　B. 3.5　　　　C. 4.5　　　　D. 4

9. 金属材料导热系数越小，则可加工性越（　　　）。

A. 好　　　　B. 差　　　　B. 没有变化　　　　D. 提高

10. 梯形螺纹粗车刀与精车刀相比，其纵向前角应取得（　　　）。

A. 较大　　　　B. 零值　　　　C. 较小　　　　D. 一样

11. 车螺纹时扎刀的主要原因是（　　　）。

A. 车刀的前角太大　　B. 车刀前角太小　　C. 中拖板间隙过小　　D. 丝杠轴向窜动

12. 当精车阿基米德螺线蜗杆时，车刀左右两刃组成的平面应（　　　）装刀。

A. 与轴线平行　　　　B. 与齿面垂直　　　　C. 与轴线倾斜　　　　D. 与轴线等高

13. 用三针法测量模数 m＝5，外径为 80mm 米制蜗杆时，测得 M 值应为（　　　）。

A. 70　　　　B. 92.125　　　　C. 82.125　　　　D. 80

14. 车多线螺纹时，应按（　　　）来计算交换齿轮。

A. 螺距　　　　B. 导程　　　　C. 升角　　　　D. 线数

15. 车多线螺纹采用轴向分线法时，应按（　　　）分线。

A. 导程　　　　B. 线数　　　　C. 螺距　　　　D. 头数

16. 精车多线螺纹时，要多次循环分线，其主要目的是（　　　）。

A. 消除赶刀产生的误差　　　　　　B. 提高尺寸精度

C. 减小表面粗糙度值　　　　　　　D. 提高分线精度

17. 螺纹的综合测量应使用（　　　）量具。

A. 螺纹千分尺　　　B. 游标卡尺　　　　C. 螺纹量规　　　　D. 齿轮卡尺

18. 莫氏工具圆锥在（　　　）通用。

A. 国内　　　　　　B. 机电部内　　　　C. 国际　　　　　　D. 企业内

19. 刀具材料的硬度、耐磨性越高，韧性（　　　）。

A. 越差　　　　　　B. 越好　　　　　　C. 不变　　　　　　D. 消失

20. 车刀安装高低对（　　　）有影响。

A. 主偏角　　　　　B. 副偏角　　　　　C. 前角　　　　　　D. 刀尖角

21. （　　　）时应选用较小前角。

A. 车铸铁件　　　　B. 精加工　　　　　C. 车 45 钢　　　　D. 车铝合金

22. 下列（　　　）情况应选用较大后角。

A. 硬质合金车刀　　B. 车脆性材料　　　C. 车刀材料强度差　D. 车塑性材料

23. 主偏角大，（　　　）。

A. 散热好　　　　　B. 进给抗力小　　　C. 易断屑　　　　　D. 表面粗糙度小

24. 当 $\kappa_r =$（　　　）时，$A_w = A_p$。

A. 45°　　　　　　B. 75°　　　　　　C. 90°　　　　　　D. 80°

25. 切屑的内表面光滑，外表面呈毛茸状，是（　　　）。

A. 带状切屑　　　　B. 挤裂切屑　　　　C. 单元切屑　　　　D. 粒状切屑

26. 消耗功率最多且作用在切削速度方向上的分力是（　　　）。

A. 主切削力　　　　B. 径向力　　　　　C. 轴向力　　　　　D. 总切削力

27. 加工脆性材料时应选用（　　　）的前角。

A. 负值　　　　　　B. 较大　　　　　　C. 较小　　　　　　D. 很大

28. 属于辅助时间范围的是（　　　）。

A. 进给切削所需时间　　　　　　　　　B. 测量和检验工件时间

C. 工人喝水，上厕所时间　　　　　　　C. 领取和熟悉产品图样时间

29. 切削脆性金属材料时，刀具磨损会发生在（　　　）。

A. 前刀面　　　　　B. 后刀面　　　　　C. 前、后刀面　　　D. 切削平面

30. 刀具两次刃磨之间纯切削时间的总和称为（　　　）。

A. 使用时间　　　　B. 机动时间　　　　C. 刀具磨损限度　　D. 刀具寿命

二、判断题（请将判断的结果填入题前的括号中，正确的填"√"，错误的填"×"，每题 1 分，共 30 分）

1. 机械制图图样上所用的单位为 cm。　　　　　　　　　　　　（　　）

2. 基准轴的上极限偏差等于零。　　　　　　　　　　　　　　（　　）

3. 刀具的使用寿命取决于刀具本身的材料。　　　　　　　　　（　　）

4. 工艺系统刚性差，容易引起振动，应适当增大后角。　　　　（　　）

5. 我国动力电路的电压是 380V。　　　　　　　　　　　　　（　　）

6. 机床"点动"方式下，机床移动速度 F 应由程序指定确定。　（　　）

7. 退火和回火都可以消除钢的应力，所以在生产中可以通用。　（　　）

8. 加工同轴度要求高的轴类工件时，用双顶尖的装夹方法。 （   ）

9. YG8 刀具牌号中的数字代表含钴量的 80% 。 （   ）

10. 钢渗碳后，其表面即可获得很高的硬度和耐磨性。 （   ）

11. 不完全定位和欠定位所限制的自由度都少于六个，所以本质上是相同的。（   ）

12. 钻削加工时也可能采用无夹紧装置和夹具体的钻模。 （   ）

13. 在机械加工中，采用设计基准作为定位基准称为符合基准统一原则。 （   ）

14. 一般 CNC 机床能自动识别 EIA 和 ISO 两种代码。 （   ）

15. 所谓非模态指令指的是在本程序段有效，不能延续到下一段指令。 （   ）

16. 数控机床重新开机后，一般需先回机床零点。 （   ）

17. 加工单件时，为保证较高的几何精度，在一次装夹中完成全部加工为宜。（   ）

18. 零件的表面粗糙度值越小，越易加工。 （   ）

19. 刃磨麻花钻时，如磨得的两主切削刃长度不等，钻出的孔径或大于钻头直径。

（   ）

20. 一般情况下金属的硬度越高，耐磨性越好。 （   ）

21. 装配图上相邻零件是利用剖面线的倾斜方向不同或间距不同来区别的。 （   ）

22. 基准孔的下极限偏差等于零。 （   ）

23. 牌号 T4 和 T7 是纯铜。 （   ）

24. 耐热性好的材料，其强度和韧性较好。 （   ）

25. 前角增大，刀具强度也增大，切削刃也越锋利。 （   ）

26. 用大平面定位可以限制工件的四个自由度。 （   ）

27. 小锥度心轴定心精度高，轴向定位好。 （   ）

28. 辅助支承是定位元件中的一个，能限制自由度。 （   ）

29. 游标万能角度尺只是测量角度的一种角度量具。 （   ）

30. CNC 机床坐标系统采用右手直角笛卡儿坐标系，用手指表示时，大拇指代表 X 轴。（   ）

三、填空题（每题 2 分，共 20 分）

1. 编排数控机床加工工序时，为了提高精度，可采用＿＿＿＿＿＿＿＿。

2. 麻花钻横刃太长，钻削时会使＿＿＿＿＿＿＿＿增大。

3. 中温回火的温度是＿＿＿＿＿＿＿＿℃。

4. 切削脆性金属材料时，在刀具前角较小、背吃刀量较大的情况下，容易产生＿＿＿＿＿＿＿＿。

5. FANUC 系统中，程序段 "G04 P1000" 中，P 指令是＿＿＿＿＿＿＿＿。

6. 数控编程时，应首先设定＿＿＿＿＿＿＿＿。

7. 在数控加工中，确定加工顺序的原则是，＿＿＿＿＿＿，＿＿＿＿＿＿，＿＿＿＿＿＿。

8. 操作面板上的 <DELET> 键的作用是＿＿＿＿＿＿＿＿。

9. 在刀具的几何角度中，影响切削力最大的角度是＿＿＿＿＿＿＿＿。

10. 数控系统中 CNC 的中文含义是＿＿＿＿＿＿＿＿。

四、简答题（每题10分，共20分）

1. 什么是模态代码？

2. 什么是数控代码？在数控车床应用的主要代码有哪些？

数控车工理论试题二

一、选择题（将正确答案序号填入括号内，每题1分，共30分）

1. 画螺纹连接图时，剖切面通过螺栓、螺母、垫圈等轴线时，这些零件均按（　　）绘制。

A. 不剖　　　　　B. 半剖　　　　　C. 全剖　　　　　D. 剖面

2. 在视图表示球体形状时，只需在尺寸标注时，加注（　　）符号，用一个视图就可以表达清晰。

A. R　　　　　B. ϕ　　　　　C. $S\phi$　　　　　D. O

3. 用游标卡尺测量 8.08mm 的尺寸，选用读数值 i 为（　　）mm 的游标卡尺较适当。

A. 0.1　　　　　B. 0.02　　　　　C. 0.05　　　　　D. 0.015

4. 配合代号 H6/f5 应理解为（　　）配合。

A. 基孔制间隙　　B. 基轴制间隙　　C. 基孔制过渡　　D. 基轴制过渡

5. 牌号为 35 钢中碳的质量分数为（　　）。

A. 35%　　　　　B. 3.5%　　　　　C. 0.35%　　　　　D. 0.035%

6. 轴类零件的淬火热处理工序应安排在（　　）。

A. 粗加工前　　　B. 粗加工后，精加工前　　C. 精加工后　　D. 渗碳后

7. 下列钢号中，（　　）钢的塑性、焊接性最好。

A. 5　　　　　　B. T10　　　　　C. 20　　　　　D. 65

8. 精加工脆性材料，应选用（　　）的车刀。

A. YG3　　　　　B. YG6　　　　　C. YG8　　　　　D. YG5

9. 切削时，工件转 1r 时车刀相对工件的位移量称为（　　　）。

　A. 切削速度　　　　B. 进给量　　　　　C. 切削深度　　　　D. 转速

10. 精车外圆时，刃倾角应取（　　　）。

　A. 负值　　　　　　B. 正值　　　　　　C. 零　　　　　　　D. 都可以

11. 传动螺纹一般都采用（　　　）。

　A. 普通螺纹　　　　B. 管螺纹　　　　　C. 梯形螺纹　　　　D. 矩形螺纹

12. 一对相互啮合的齿轮，其压力角、（　　　）必须相等才能正常传动。

　A. 齿数比　　　　　B. 模数　　　　　　C. 分度圆直径　　　D. 齿数

13. CNC 是指（　　　）的缩写。

　A. 自动化工厂　　　B. 计算机数控系统　　C. 柔性制造系统　　D. 数控加工中心

14. 工艺基准除了测量基准、定位基准以外，还包括（　　　）。

　A. 装配基准　　　　B. 粗基准　　　　　C. 精基准　　　　　D. 设计基准

15. 工件以两孔一面为定位基准，采用一面两圆柱销为定位元件，这种定位属于（　　　）定位。

　A. 完全　　　　　　B. 部分　　　　　　C. 重复　　　　　　D. 永久

16. 夹具中的（　　　）装置，用于保证工件在夹具中的正确位置。

　A. 定位元件　　　　B. 辅助元件　　　　C. 夹紧元件　　　　D. 其他元件

17. V 形铁是以（　　　）为定位基面的定位元件。

　A. 外圆柱面　　　　B. 内圆柱面　　　　C. 内锥面　　　　　D. 外锥面

18. 切削用量中（　　　）对刀具磨损的影响最小。

　A. 切削速度　　　　B. 进给量　　　　　C. 进给速度　　　　D. 背吃刀量

19. 粗加工时的后角与精加工时的后角相比，应（　　　）。

　A. 较大　　　　　　B. 较小　　　　　　C. 相等　　　　　　D. 都可以

20. 车刀角度中，控制切屑流向的是（　　　）。

　A. 前角　　　　　　B. 主偏角　　　　　C. 刃倾角　　　　　D. 后角

21. 精车时加工余量较小，为提高生产率，应选用较大的（　　　）。

　A. 进给量　　　　　B. 切削深度　　　　C. 切削速度　　　　D. 进给速度

22. 粗加工较长轴类零件时，为了提高工件装夹刚性，其定位基准可采用轴的（　　　）。

　A. 外圆表面　　　　B. 两端面　　　　　C. 一侧端面和外圆表面　　　　D. 内孔

23. 闭环控制系统的位置检测装置安装在（　　　）。

　A. 传动丝杠上　　　　　　　　　　B. 伺服电动机轴端

　C. 机床移动部件上　　　　　　　　D. 数控装置

24. 影响已加工表面的表面粗糙度值大小的刀具几何角度主要是（　　　）。

　A. 前角　　　　　　B. 后角　　　　　　C. 主偏角　　　　　D. 副偏角

25. 为了保持恒切削速度，在由外向内车削端面时，如进给速度不变，主轴转速应该（　　　）。

　A. 不变　　　　　　B. 由快变慢　　　　C. 由慢变快　　　　D. 先由慢变快再由快变慢

26. 数控机床面板上 AUTO 是指（　　　）。

    A. 快进　　　　　B. 点动　　　　　C. 自动　　　　　D. 暂停

27. 程序的修改步骤，应该是将光标移至要修改处，输入新的内容，然后按（　　　）键即可。

    A. 插入　　　　　B. 删除　　　　　C. 替代　　　　　D. 复位

28. 在 Z 轴方向对刀时，一般采用在端面车一刀，然后保持刀具 Z 轴坐标不动，按（　　　）按钮。即将刀具的位置确认为编程坐标系零点。

    A. 回零　　　　　B. 置零　　　　　C. 空运转　　　　　D. 暂停

29. 安装刀具时，刀具的刃必须（　　　）主轴旋转中心。

    A. 高于　　　　　B. 低于　　　　　C. 等高于　　　　　D. 都可以

30. 发生电火灾时，应选用（　　　）灭火。

    A. 水　　　　　B. 砂　　　　　C. 普通灭火机　　　　　D. 切削液

二、**判断题**（请将判断的结果填入题前的括号中，正确的填"√"，错误的填"×"，每题 1 分，共 30 分）

1. 表达零件内形的方法采用剖视图，剖视图有全剖、半剖、局部剖三种。　　　（　　　）

2. $\phi38H8$ 的下极限偏差等于零。　　　（　　　）

3. 一般情况下，金属的硬度越高，耐磨性越好。　　　（　　　）

4. 用高速钢车刀应选择比较大的切削速度。　　　（　　　）

5. 从刀具使用寿命考虑，刃倾角越大越好。　　　（　　　）

6. 只要选设计基准作为定位基准就不会产生定位误差。　　　（　　　）

7. 车长轴时，中心架是辅助支承，它也限制了工件的自由度。　　　（　　　）

8. 辅助支承帮助定位支承定位，起到了限制自由度的作用，能提高工件定位的精确度。　　　（　　　）

9. 游标卡尺可测量内、外尺寸、高度、长度、深度以及齿轮的齿厚。　　　（　　　）

10. CNC 机床坐标系统采用笛卡儿坐标系，用手指表示时，大拇指代表 Z 轴。（　　　）

11. 机床电路中，为了起到保护作用，熔断器应装在总开关的前面。　　　（　　　）

12. 带传动主要依靠带的张紧力来传递运动和动力。　　　（　　　）

13. 粗车轴类工件外圆，75°车刀优于 90°车刀。　　　（　　　）

14. 粗基准因牢固可靠，故可多次使用。　　　（　　　）

15. 液压传动不易获得很大的力和转矩。　　　（　　　）

16. 在自定心卡盘上装夹大直径工件时，应尽量用正卡爪。　　　（　　　）

17. 铰孔时，切削速度越高，工件表面粗糙度值越小。　　　（　　　）

18. 普通螺纹中，内螺纹小径的基本尺寸与外螺纹小径的基本尺寸相同。　　　（　　　）

19. 在相同力的作用下，具有较高刚度的工艺系统产生的变形较大。　　　（　　　）

20. 多工位机床，可以同时在几个工位中进行加工及装卸工件，所以有很高的劳动生产率。　　　（　　　）

21. 熔断器是起安全保护装置的一种电器。　　　（　　　）

22. 在常用螺旋传动中，传动效率最高的螺纹是梯形螺纹。 （ ）

23. 铰孔是精加工的唯一方法。 （ ）

24. 数控机床中当工件编程零点偏置后，编程时就方便多了。 （ ）

25. 液压系统适宜远距离传动。 （ ）

26. 用硬质合金车断刀车断工件时，不必加注切削液。 （ ）

27. 圆锥的大、小端直径可用圆锥界限量归来测量。 （ ）

28. 在丝杠螺距为 12mm 的车床上，车削螺距为 3mm 的螺纹要产生乱扣。 （ ）

29. 编制工艺规程时，所采用的加工方法及选用的机床，它们的生产率越高越好。

（ ）

30. 实际尺寸相同的两副过盈配合件，表面粗糙度小的具有较大的实际过盈量，可取得较大的连接强度。 （ ）

三、填空题 （每题 2 分，共 20 分）

1. 主轴正转的指令是_____，数控车床的 T 指令是指_____。

2. 金属材料的力学性能主要有强度_____，_____，_____和疲劳强度等。

3. 标准公差共分为_____级，其中最_____级为最高，_____级为最低。

4. 车槽刀有_____个刀尖，分别是_____。

5. 三视图的投影规律为主、俯视图_____，主、左视图_____，俯、左视图_____。

6. 切削三要素分别是_____，_____，_____。

7. 写出下列指令代码的含义，M30：_____；M01_____；M04_____；M05：_____。

8. 热处理的"四把火"是指_____、_____、_____、_____。

9. 根据孔和轴公差带位置的不同，配合可分为_____、_____、_____三大类。

10. 形位公差项目符号 ↗ 表示_____。

四、作图题 （1 题 5 分，2 题 15 分，共 20 分）

1. 已知主视图和左视图，补全主视图的相贯线（图 D-1）。

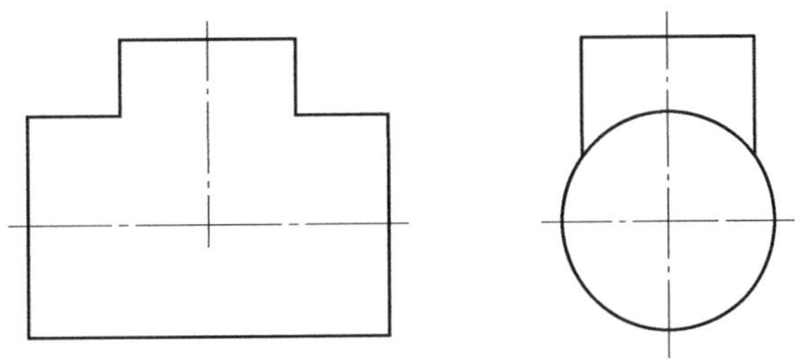

附图 D-1

2. 画出 A—A 和 B—B 的移出断面图，左端键槽深 4mm（附图 D-2）。

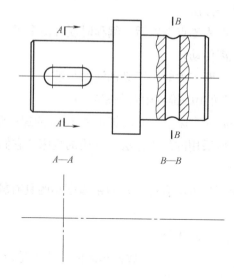

附图　D-2

数控车工理论试题三

一、**选择题**（将正确答案序号填入括号内，每题 1 分，共 30 分）

1. 数控机床适于（　　）生产。

A. 大型零件　　　　　　　　　B. 小型高精密零件

C. 中小批量复杂形体零件　　　D. 小批量零件

2. 粗加工时，为了提高生产效率，选择切削用量时，应首先选择较大的（　　）。

A. 进给量　　　　B. 背吃刀量　　　　C. 切削速度　　　　D. 切削厚度

3. 在刀具的几何角度中，影响切削力最大的角度是（　　）。

A. 主偏角　　　　B. 前角　　　　C. 后角　　　　D. 刃倾角

4. 采用刀具半径补偿编程时，可按（　　）编程。

A. 位移控制　　　B. 工件轮廓　　　C. 刀具中心轨迹　　D. 直线控制

5. 用硬质合金刀具加工某零件发现有积屑时，请采取（　　）措施以避免或减轻其影响。

A. S 升　　　　　B. S 降　　　　　C. F 降　　　　　D. F 升

6. 车削细长轴时，为了避免振动，车刀的主偏角应取（　　）之间。

A. 80°～90°　　　B. 30°～45°　　　C. 45°～75°　　　D. 50°～80°

7. 在下列指令中，具有非模态功能的指令是（　　）。

A. G40　　　　　B. G53　　　　　C. G04　　　　　D. G00

8. 限位开关在机床中起的作用是（　　）。

A. 短路开关　　　B. 过载保护　　　C. 欠压保护　　　D. 行程控制

9. 数控系统的核心是（　　）。

A. 伺服系统　　　　B. 数控装置　　　　C. 反馈装置　　　　D. 检测装置

10. 计算机辅助制造的英文缩写是（　　　）。

A. CAD　　　　B. CAM　　　　C. CAPP　　　　D. CAE

11. 切削用量中影响切削温度最大的是（　　　）。

A. 背吃刀量　　B. 进给量　　　C. 切削速度　　　D. 前角

12. 数控机床的进给机构采用的丝杠螺母副是（　　　）。

A. 双螺母丝杠螺母副　　　B. 梯形螺母丝杠副　　　C. 滚珠丝杠螺母副

13. 数控机床位置检测装置中（　　　）属于旋转型检测装置。

A. 光栅尺　　　　B. 磁栅尺　　　C. 感应同步器　　D. 脉冲编码器

14. 安装零件时，应尽可能使定位基准与（　　　）基准重合。

A. 测量　　　　B. 设计　　　　C. 装配　　　　D. 工艺

15. 零件的加工精度应包括以下几部分内容（　　　）。

A. 尺寸精度，几何形状精度和相互位置精度　　B. 尺寸精度

C. 尺寸精度，形状精度和表面粗糙度　　　　D. 几何形状精度和相互位置精度

16. 数控机床开机时，一般要进行回参考点的操作，其目的是（　　　）。

A. 建立机床坐标系　　　　B. 建立工件坐标系

C. 建立局部坐标系　　　　D. 建立各轴零点

17. 车削中心与数控车床的主要区别是（　　　）。

A. 刀库的刀具数多少　　　　B. 有动力刀具和 C 轴

C. 机床精度的高低　　　　D. 加工效率高

18. 数控机床加工轮廓时，一般沿轮廓（　　　）进刀。

A. 法向　　　　B. 切向　　　C. 5°方向　　　D. 任意方向

19. 在精加工和半精加工时一般要留加工余量，下列余量较为合理的是（　　　）。

A. 5mm　　　　B. 0.5mm　　　C. 0.01mm　　　D. 0.005mm

20. 国际对图样中尺寸的标注已统一以（　　　）为单位。

A. 厘米　　　　B. 英寸　　　C. 毫米　　　D. 米

21. 车削圆锥体时，刀尖高于工件回转轴线，加工后锥体表面母线将呈（　　　）。

A. 直线　　　　B. 曲线　　　C. 圆弧　　　D. 锥度

22. 在车床上车外圆时，若车刀装的高于工件中心，则车刀的（　　　）。

A. 主偏角减小副偏角增大　　B. 主偏角增大副偏角减小　　C. 主、副偏角都增大

23. 当工件材料较硬时，切削刀具后角宜取（　　　）值。

A. 大　　　　B. 小　　　　C. 0　　　　D. 1°

24. 62H7/j6 是（　　　）配合。

A. 过盈　　　　B. 间隙　　　C. 过渡

25. 程序段"G03 X60 Z-30 I0 K-30;"中，I、K 表示（　　　）。

A. 圆弧终点坐标　　　B. 圆弧起点坐标　　　C. 圆心相对圆弧起点的增量

26. 在数控编程中，用于刀具半径补偿的指令是（　　　）。

A．G80 G81 　　　　B．G90 G91 　　　　C．G41 G42 G40 　　　D．G43 G44

27. 数控机床的主轴轴线平行于（ 　　 ）。

A．X 轴 　　　　　B．Y 轴 　　　　　C．Z 轴 　　　　　D．C 轴

28. 公差带位置由（ 　　 ）决定。

A．公差

B．上极限偏差

C．下极限偏差

D．基本偏差

29. 生产中最常用的切削液是（ 　　 ）。

A．水溶液 　　　　B．切削油 　　　　C．乳化液 　　　　D．冷却机油

30. 数控机床坐标系是采用的（ 　　 ）。

A．左手坐标系 　　　　　　　　B．笛卡儿直角坐标系

C．工件坐标系 　　　　　　　　D．机床坐标系

二、判断题（将判断结果填入括号中。正确的填"√"，错误的填"×"，每小题 1 分，共 30 分）

1. 为了建立机床坐标系和工件坐标系之间的关系，需要建立对刀点。所谓对刀点，就是用刀具加工零件时，刀具相对工件运动的起点。 　　　　（ 　　 ）

2. 调质既可以作为预热处理工序，也可以作为最终热处理工序。 　　（ 　　 ）

3. 模态指令的内容在下一程序段会不变，而自动接收该内容，因此称为自保持功能。

（ 　　 ）

4. G00 和 G01 的运行轨迹都一样，只是速度不一样。 　　　　　　　（ 　　 ）

5. 宏程序的特点是可以使用变量，变量之间不能进行运算。 　　　　（ 　　 ）

6. 圆弧插补指令中，I、J、K 地址的值无方向，用绝对值表示。 　　（ 　　 ）

7. 数控零件加工程序的输入输出必须在 MDI（手动数据输入）方式下完成。（ 　　 ）

8. 闭环数控机床的检测装置，通常安装在伺服电动机上。 　　　　　（ 　　 ）

9. 数控恒线速控制的原理是当工件的直径越大，进给速度越慢。 　　（ 　　 ）

10. 机床开机回零的目的是为了建立工件坐标系。 　　　　　　　　　（ 　　 ）

11. 半闭环数控机床，可以进行反向间隙补偿。 　　　　　　　　　　（ 　　 ）

12. 刀具前角越大，切屑越易流出，切削力减小，但刀具的强度下降。（ 　　 ）

13. 滚珠丝杠副消除轴向间隙的目的主要是减小摩擦力矩。 　　　　　（ 　　 ）

14. 辅助功能 M00 为无条件程序暂停，执行该程序指令后，所有运转部件停止运动，且所有模态信息全部丢失。 　　　　　　　　　　　　　　　　（ 　　 ）

15. 数控机床的坐标系采用笛卡儿坐标，在确定具体坐标时，先定 X 轴，再根据右手法则定 Z 轴。 　　　　　　　　　　　　　　　　　　　　　　（ 　　 ）

16. 刀具位置偏置补偿可分为刀具形状和刀具磨损补偿两种。 　　　　（ 　　 ）

17. 固定循环是预先给定一系列操作，用来控制机床的位移或主轴运转。（ 　　 ）

18. 系统操作面板上复位键的功能为接触报警和数控系统的复位。 　　（ 　　 ）

19. 子程序可以嵌套子程序，但子程序必须在主程序结束指令后建立。（ 　　 ）

20. GS980TDb 系统中，G33 螺纹加工指令中 F 值是每分钟进给指令。（ 　　 ）

21. "一面两销"定位，对一个圆销削边是减少过定位的干涉。 （　　）

22. 粗基准是粗加工阶段采用的基准。 （　　）

23. 两个短 V 形块和一个长 V 形块所限制的自由度是一样的。 （　　）

24. 直接找正安装一般多用于单件、小批量生产，因此其生产率低。 （　　）

25. 定尺寸刀具法是指用具有一定的尺寸精度的刀具来保证工件被加工部位的精度。 （　　）

26. 工件在夹具中的定位时，欠定位和过定位都是不允许的。 （　　）

27. 为了进行自动化生产，零件在加工过程中应采取单一基准。 （　　）

28. 一般以靠近零线的上极限偏差（或下极限偏差）为基本偏差。 （　　）

29. 公差等级代号数字越大，表示工件的尺寸精度要求越高。 （　　）

30. 高速钢在强度、韧性等方面均优于硬质合金，故可用于高速切削。 （　　）

三、填空题（每小题 2 分，满分 20 分）

1. 程序校验与首件试切的作用是校验程序是否正确及零件的_____是否满足图样要求。

2. _____主要用于经济型数控机床的进给驱动。

3. 用于确定公差带相对于零线位置的上极限偏差或下极限偏差的公差称为_____。

4. 编排数控机床加工工序时，为了提高精度，可采用_____。

5. 车断刀主切削刃太宽，切削时容易产生_____。

6. 基准中最主要的是设计基准、装配基准、测量基准和_____。

7. 车刀的副偏角对工件的_____有较大的影响。

8. 在数控机床上进行单段试切时，快速倍率开关应设置为_____。

9. 夹具中的_____装置，用于保证工件在夹具中的既定位置在加工过程中不变。

10. 切削脆性金属材料时，在刀具前角较小、切削厚度较大的情况下，容易产生_____。

四、简答题（每题 10 分，共 20 分）

1. 偏心工件的车削方法有哪几种？各适用在什么情况下？

2. 什么是数控机床零点、机床参考点、工件原点、编程零点？它们之间的相互关系如何？（6 分）

参 考 答 案

数控车工理论 试题一

一、选择题

A C B B C B B C B A A B C B C A C C A C A D C

C A A C B B D

二、判断题

× √ √ × √ × × √ × √ × √ × √ √ √ √ × √

√ √ √ × × × √ × √

三、填空题

1. 一次装夹多工序集中 2. 轴向力 3. 350°~500° 4. 崩碎切屑 5. 暂停时间

6. 工件坐标系 7. 先粗后精 先近后远 基面先行 8. 删除 9. 前角

10. Computer numerical control __计算机数字控制

四、简答题

1. 答：模态代码是表示这种代码在一个程序段中一经指定，便保持有效到以后的程序段中出现同组的另一代码时才失效。

2. 答：数控代码是数控加工的基本单元，它由规定的文字、数字和符号组成。

数控车床应用的数控代码主要有：准备功能（G）代码、辅助功能（M）代码、进给速度（F）代码、主轴转速（S）代码、刀具功能（T）代码。

数控车工理论 试题二

一、选择题

A C B B C B C A B B C B B A A A A D B C C C C

D C C C B C B

二、判断题

√ √ √ × × √ × × × × √ × × × × √ √

× √ × × √ × × √ × × √

三、填空题

1. M03 刀具功能指令 2. 塑性 韧性 硬度 3. 20级 01 18

4. 两个 前后 5. 长对正 高平齐 宽相等 6. 背吃刀量 进给量 线速度

7. 程序结束光标返回程序开始 选择性暂停 主轴反转 主轴停止

8. 退火 正火 淬火 回火 9. 间隙配合 过渡配合 过盈配合 10. 圆跳动

四、作图题：略

数控车工理论 试题三

一、选择题

C B B B A A C D B B C C D B A A B B B C B B B

C C C C D A B

二、判断题

√ √ √ × × × × × × × × × × × × × × √

× √ √ × √ √ √ √ √ × ×

三、填空题

1. 加工精度　2. 步进电动机　3. 基本偏差　4. 一次装夹多工序集中

5. 振动　6. 定位基准　7. 表面粗糙度　8. 最低　9. 夹紧　10. 崩碎切屑

四、简答题：略

参考文献

［1］王兵. 数控车床加工工艺与编程操作.［M］. 北京：机械工业出版社，2009.

［2］崔兆华. 数控车床加工工艺与编程操作.［M］. 南京：江苏教育出版社，2010.

［3］谭雪松，漆向军. 数控加工技术.［M］. 北京：人民邮电出版社，2009.

［4］王兵. 车工技能实训.［M］. 北京：人民邮电出版社，2007.

［5］苏伟. 数控车工技能实训.［M］. 北京：人民邮电出版社，2011.